35-500千伏变电站
继电保护作业风险辨析及管控

广东电网有限责任公司东莞供电局　组编

内 容 提 要

本书是在总结多年来继保自动化专业人员实际工作中的经验和体会的基础上编写的。

本书主要内容包括继电保护作业风险基本介绍、继电保护常用工器具、二次回路作业风险及管控基本措施、跨专业作业风险辨识与管控。本书以二次回路作业为中心点，以大量图文并茂、层次鲜明的表达方式深入浅出阐述了作业风险辨析及管控措施。

本书可作为继保自动化专业人员现场工作必备的图书，也可作为继保自动化专业相关管理人员的参考书。

图书在版编目（CIP）数据

35－500千伏变电站继电保护作业风险辨析及管控/广东电网有限责任公司东莞供电局组编．—北京：中国电力出版社，2023.6（2023.10重印）

ISBN 978－7－5198－7601－2

Ⅰ.①3… Ⅱ.①广… Ⅲ.①变电所－继电保护－风险管理－研究 Ⅳ.①TM77

中国国家版本馆CIP数据核字（2023）第034984号

出版发行：中国电力出版社
地　　址：北京市东城区北京站西街19号（邮政编码100005）
网　　址：http://www.cepp.sgcc.com.cn
责任编辑：苗唯时　马玲科
责任校对：黄　蓓　朱丽芳
装帧设计：郝晓燕
责任印制：石　雷

印　　刷：三河市航远印刷有限公司
版　　次：2023年6月第一版
印　　次：2023年10月北京第二次印刷
开　　本：787毫米×1092毫米　16开本
印　　张：9.5
字　　数：200千字
印　　数：1501—2500册
定　　价：45.00元

编　委　会

主　编　郭志军

副主编　李一泉　苏俊妮　孙德兴　魏炯辉　陈寿平

参　编（排名不分先后）

张建华　刘　凯　罗伟明　刘建锋　熊伟标

徐锡斌　邱育义　陈转银　周凯锋　邓效荣

梁欢利　李　欧　陈瀚昌　陈秋杰　叶灿伦

陈杰生　刘　玮　陈兴华　谢进英　尹照新

吴汝豪　黄杰明　李荫华　吴春玉　彭　业

陈　旭　刘世丹　骆树权　汪万伟　陈仕宜

邹培源　王景娜

前　言

电力系统的安全稳定运行，对服务国家构建新发展格局、推动电力行业高质量发展意义重大。基础设施是经济社会发展的重要支柱，其中能源基础设施建设是保障国家能源安全的重要支撑，在此背景下，电力系统各线条生产业务有序开展。

继保自动化专业现场工作主要包括各种继电保护装置、自动化装置等的定检，新装置的安装、调试、竣工验收及运行中继保自动化装置的异常和故障处理工作等，危险点、危险源贯穿工作全过程中可能发生事故的地方、部位、行为等，是诱发事故的因素。如果作业人员事前不做好风险识别和措施落实，事中不进行作业行为及变化管控，在一定条件下，可能会酿成事故。电力系统一旦发生事故，对系统的安全、稳定运行危害很大，若酿成大面积停电，将给社会带来灾难性后果。

本书是在总结多年来继保自动化专业人员实际工作中的经验和体会的基础上编写的，形成有专业内涵的理论和实践体系。本书以二次回路作业为中心点，以层次鲜明的表达方式深入浅出阐述了作业风险辨析，提出了针对性管控措施，是一本实践应用价值高的培训教材，也是继保自动化专业人员现场工作必备的图书，同时对本专业相关管理人员有很高的参考价值。

本书的出版将有利于强化继保自动化专业人员现场作业标准化管理，规范现场作业行为，进一步提升继保自动化专业人员现场作业风险识别水平和现场作业安全管控能力，确保电网的安全稳定运行。

由于编者水平有限，书中难免存在疏漏之处，恳请读者批评指正。

编者

2023年3月

目录

第一章　继电保护作业风险基本介绍

第一节　二次回路作业风险类别及管控基本措施

电力系统是由发电厂中的电气部分，各类变电站及输电、配电线路和各种类型的用电设备组成的统一体，如图1-1所示。随着电网规模不断扩大，各电压等级和各系统相互联系更趋紧密，相互影响进一步加强，系统运行特性日益复杂。在电网智能、可靠、绿色、高效运行要求越来越严苛的背景下，电网稳定性面临的要求越来越高。多端直流馈入、发输配用一体的电网网架结构复杂，各区域电网、各枢纽变电站和各关键设备紧密关联，任何关键环节的风险如果得不到有效控制，都将给电网带来巨大损失。

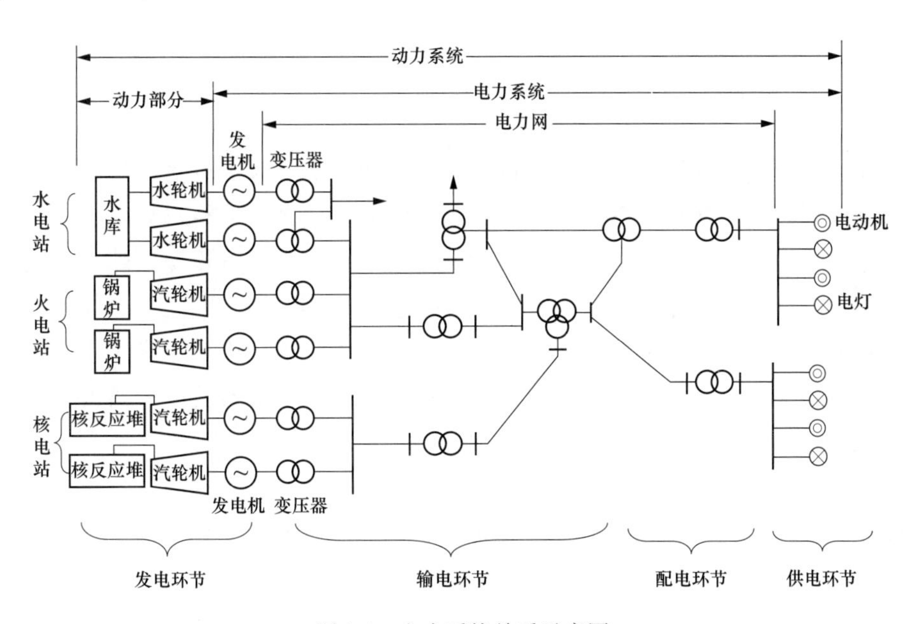

图1-1　电力系统关系示意图

变电站是电网的主要组成部分，按照在电力系统中的作用可分为枢纽变电站、地区变电站和用户变电站；按照构造形式分为屋外式变电站、屋内式变电站和地下变电站。变电站的一次设备包括变压器、断路器、隔离开关、电抗器、电容器、接地变压器、站用变压器、接地电阻、消弧线圈、电压互感器（TV）、电流互感器（TA）、避雷器、电力电缆、母线和输电线路等关键设备。由这些一次设备按照一定规律相互连接构成的电路称为一次接线或一次系统，它是发电、输变电和配电的主体。二次设备包括继电保护装置、自动装置、远动装置、测控装置、监控系统、电能计量装置、监测仪表、控制及信号器具、蓄电池、充电机、不间断电源（UPS）等关键设备。由这些二次设备按照一定规律相互连接构成的电路称为二次接线或二次系统。变电站内的一、二次设备的安全稳定运行对电网的安全起着至关重要的作用。

作为保障电力系统安全稳定运行三道防线的重要组成部分，二次回路负担着保卫电网和电力设备安全运行的重要职责。随着电网的不断发展，大容量机组、超高压设备、特高压设备的不断投入运行，配套的继电保护原理日趋复杂。种类繁多、原理各异的保护双重化、多重化配置使得二次回路接线也复杂多样。虽然管理工作日趋规范，保护配置更加完善，保护的动作也更加正确可靠，但是现场作业由于人为失误或是设备缺陷引发的继电保护的事故还是时有发生。

二次回路负责交流量、开关量等关键信号的传导。整体回路上发生的因施工、定检等原因导致的绝缘损坏、接地、干扰等问题，将会使整体功能丧失，导致保护的误动、拒动。本章着重从整体回路的风险及其控制措施进行讲述，因回路上各个重要设备、元件（如TA、TV、保护装置、测控装置等）自身原因导致的风险将在第三章、第四章分别详述。常见的回路风险有以下几种。

一、二次回路作业风险类别

（1）误碰。常见表现形式有：①运行端子未封闭，运行端子有封闭但封闭不好、有脱落。②联跳运行开关连接片带电端（一般为上端）未包扎，接线不规范、试验条件变化导致连接片下端带电端未包扎，连接片背板未封闭。③装置背板裸露端子未封闭，同屏运行设备及附件未封闭。④绝缘工器具金属裸露部分未绝缘封闭。

（2）误整定。常见表现形式有：①整定定值缺项、漏项、错项等，误使用错误定值区。②定值项最大值、最小值受限，变比折算错误；装置设备参数设置错误。③打印定值缺漏，部分项目未与调度发布定值单核对。

（3）误接线。常见表现形式有：①接线不当，试验量误加入运行设备中。②施工人员不按图施工，凭经验、凭记忆接线造成误接线。③作业人员不履行相关手续，擅自修改运行回路二次接线。④作业人员在恢复临时拆线时造成的误接线。⑤二次设备内部错误接线。

（4）误投退。常见表现形式有：①联跳运行开关连接片带电端（一般为上端）未包扎、漏包扎；多个连接片围蔽绝缘胶布脱落；母差、安自等运行设备联调工作票误将停电间隔出口连接片列入。②擅自投退保护屏交流电压空气开关；直流馈线屏工作时，误投退运行电源空气开关。③装置内部开入及辅助元件位置投退有误。

二、二次回路作业风险管控基本措施

1. 二次回路绝缘损坏

二次回路绝缘不良是最常见的设备缺陷，主要存在于控制回路，由于其可能引起保护误动或拒动，进而导致严重的电网事故，所以一直在行业内备受重视。总结历年事故情况，二次回路绝缘损坏主要有以下几种原因：

（1）控制电缆、二次导线陈旧性绝缘老化导致事故。

（2）控制电缆、二次导线因本身质量问题造成的绝缘击穿导致事故。

（3）施工工艺、质量问题造成的绝缘破损导致事故。如屏蔽电缆的施工过程中，在屏蔽层引接时出现的因焊接、引接而造成的绝缘问题等。

（4）特殊点的回路绝缘损坏造成事故。如保护的跳闸出口回路绝缘损坏有可能直接造成断路器误跳闸。

因此，要想防止二次回路绝缘损坏，必须在作业中对二次回路进行定期检查、消缺，对采购渠道严格把关，同时加强工程施工管理，在二次电缆铺设前，提前对二次电缆进行绝缘测试。这样才能早发现、早处理，避免电缆全部铺设完毕后发现绝缘问题时再进行更换而出现的畏难情绪和造成延误送电等不良后果。新工厂验收投运、定检一定要按照规程做好绝缘检测工作。

2. 误接线

误接线是继电保护的三误事故之一，误接线引起的保护事故在事故总量中占不小的份额，特别是在新建、改扩建工程中接错线的现象相当普遍。误接线造成的保护事故一般有两种，一种是保护误动；另一种是保护拒动。从现场实际情况来看，一般造成误接线的原因主要有：

（1）施工人员不按图施工，凭经验、凭记忆接线造成误接线。

（2）作业人员不履行相关手续，擅自修改运行回路二次接线。

（3）作业人员在恢复临时拆线时造成的误接线。

（4）二次设备内部错接线。

以上基本都属于人员责任事故，所以为了防止误接线的情况，必须提高作业人员的业务素质，严格按照规章制度执行作业，增强作业人员的责任心。另外，设备投运前，认真细致的完成调试，也是减少接线错误的关键环节。

3. 误碰二次回路

继电保护工作人员及运行管理人员担负着生产、基建、大修、技改等一系列的工作，支撑着庞大而复杂的电力系统，工作任务艰巨而繁忙。尽管每一个人都想把工作做好，但是在工作现场，仍然存在一些安全措施不当，对设备不熟悉，以及违章违规的情况，误碰事故并没有被杜绝。分析历年由误碰运行回路或装置造成的事故可发现，主要原因为：

（1）现场运行人员所做安全措施不满足安全工作要求或不合理，造成误碰。如被试保护屏的相邻设备无明显区分标志、实施隔离措施时与运行设备距离过近。

（2）工作中操作失去监护或监护不力，操作不规范，造成误碰。

（3）在二次设备附近进行其他工作，造成误碰。如工作振动较大，通信干扰，电焊作业与一、二次设备过近等。

为了防止误碰事故的发生，在作业现场应该做好合理的安全措施，在二次设备附近进行作业时应按规定保持安全距离，同时，在作业中，工作负责人应当做好监护工作，阻止作业人员不规范的操作。

4. 装置及回路抗干扰能力差

在现场作业中时常出现因继电保护抗干扰能力差导致的保护跳闸事故。导致继电保护事故的干扰形式主要有以下几种：

（1）静电耦合干扰。由于电气设备、导线及电缆间存在大小不等的分布电容，所以一次设备与二次设备之间存在静电耦合干扰，包括一次母线和二次电缆间的静电耦合及互感器一、二次绕组间的静电耦合。

（2）电磁感应干扰。由于导体周围存在着磁场，与其他导体间存在着互感，所以一次回路与二次回路间电磁耦合形成电磁感应干扰，包括一次母线和二次电缆以及互感器一、二次电缆以及互感器一、二次绕组之间的电磁耦合。当一次侧出现扰动或暂态过程时，会通过电磁耦合传递到二次侧，对二次回路形成干扰。

（3）地电位差产生的干扰。当大电流接地系统发生接地故障或避雷器动作时，接地网中将流过很大的故障电流，此电流流经接地体的阻抗时便会产生电压降，使得变电站内的各点电位有较大的差别。当变电站不同区域有多点二次接地时，各接地点间电位差就会在连接的电缆芯中产生电流，这个电流的存在将可能造成保护的不正确动作。

（4）二次回路自身造成的干扰。变电站的二次回路错综复杂，有强电、有弱电，当它们通过各种控制信号及电压、电流时，会对其他的回路产生干扰电压，但其中最为严重的干扰来源于二次回路继电器及断路器分合线圈等电感元件。

为了避免干扰导致继电保护事故，在对二次回路设计时，需要对二次回路和保护装置采取抗干扰措施，并按照规程要求合理布置电缆二次线，将强弱电、动力电缆与控制电缆、直流电缆和交流电缆分开；对于来自一次设备的无线干扰，可通过电磁屏蔽措施有效地预防；并在作业现场谨慎使用无线通信设备。

5. 通用安全措施

安全措施的设置必须确保工作人员工作中正常活动范围与带电设备的安全距离不小于GB 26860—2011《电力安全工作规程（发电厂和站电气部分）》的规定，如安全距离不足，应申请将相关设备停电。工作负责人在工作开展前组织完成安全技术措施单等现场的安全措施。安全技术措施单填写的内容应包括：断开连接片、拆除二次线、接入二次线，端子、连接片、空气开关、把手、装置、元器件等进行密封、隔离，或者因工作需要临时改变或永久改变二次设备或其回路状态的工作内容。

工作前要先熟悉屏内运行设备相关接线。查阅保护直流回路图、端子排图和现场接线，按照工作内容的要求和技术要求，将二次回路上的所有操作按照顺序编写好，每一步操作对应的二次回路的端子排号、两侧接线编号一一对应，详细记入二次回路安全技术措施单。现场工作时，核对措施单与现场情况一致后，一人操作，一人监护，确保无误。通常在回路上的工作分为短、断、拆、接、封五大项。

（1）短接回路作业的安全措施要求。短接电流回路时，必须使用专用短路接线、短接片，严禁导线缠绕，使用前检查确认短接线导通。

分别短接各单元 TA 回路，通过使用钳形电流表和查看装置电流采样确认电流已可靠短接后，打开 TA 连接片，确保 TA 回路的接地点可靠接地。同时采取有效措施，防止造成相关运行设备 TA 开路或将试验电流串入运行设备，必要时申请相关装置退出运行。对于 500kV 及以上设备，还须注意和电流的隔离。

在 TA 处工作时，在 TA 端子箱中断开各组电流端子连接片，并用绝缘胶布封闭至其他设备侧端子。升流时须将 TA 侧电流回路短接。

（2）断开回路作业安全措施要求。在保护装置上加入试验电压前，先确认电压空气开关或熔断器在断开位置，检查保护屏端子排处电压端子连接片已打开，端子排至其他设备侧用绝缘胶布封好，防止试验电压加进系统电压回路。无法打开电压端子连接片的，可将电压端子上来自于装置侧的二次线解开形成明显断开点并做好防止交流短路的措施。解开电压回路时，应逐个解开相关接线并记录，带电端子用绝缘胶布隔离，试验后按记录接回，严防接错端子。

在 TV 处工作时，在 TV 端子箱中断开保护测量组电压、计量组电压、TYD 电压空气开关，并解开 TV 端子箱出线侧的开口三角电压电缆，并用绝缘胶布包好。

（3）拆除回路作业安全措施要求。对于扩建及改造工程中运行设备保护屏二次线的拆除，拆除前施工单位须提供与现场实际相符的正确的安全技术措施单，继电保护人员根据该安全技术措施单做好监护工作。拆线地点要有明显的标识，将拆线地点的前后运行端子用绝缘胶布封好，只空出拆线地点给施工人员拆线，施工人员将拆除的二次线用绝缘胶布封好，防止以上二次线误碰运行设备，造成误跳开关或直流接地情况。拆线原则为：先拆触点端，后拆电源端；每拆一处，用万用表测量拆除点电位差异来验证拆线结果的正确性；每个回路拆除完毕后，再通过导通法核对线芯。

拆线原则为先拆联跳出口回路、失灵启动回路，后拆交流电流回路、交流电压回路、信号回路、直流电源回路。拆除旧回路应两侧配合拆除，遵循“先拆电源端、再拆负载端”的原则。拆电源端时应遵循“先拆负电端、再拆正电端”的原则，并同步在负载端测量电位变化进行验证。对于改扩建工程中旧屏内电缆的拆除，应确认电压回路、电流回路和直流电源、控制及信号回路是否带电。每个回路拆除完毕后，再通过导通法核对线芯。

拆除设备时，需采取有效措施，确保其他运行设备电源正常。

（4）接入回路作业安全措施要求。对于扩建及改造工程中保护屏二次线的接入运行设备，接线前施工单位须提供与现场实际相符的正确的安全技术措施单，继电保护人员根据该安全技术措施单做好监护工作。接线地点要有明显的标识，将接线地点的前后运行端子用绝缘胶布封好，只空出接线地点给施工人员接线，施工人员将接入的二次线用绝缘胶布封好，防止以上二次线误碰运行设备，造成误跳开关或直流接地情况。

新设备接入，按先接直流电源回路、信号回路、交流电压回路、交流电流回路，后接失灵启动回路、联跳出口回路的顺序进行。对于新安装或更换的设备，涉及与运行设备关联的电流、电压、控制、失灵、闭锁等重要二次回路的接入工作时，须在经现场调试和验收合格后方可开展接入工作，接入工作应使用二次措施单管控，对接线端子的相邻端子做好隔离密封措施。接线前，应用万用表测量端子、接线的电位是否正常；不正常的，应进一步核对设计图纸和二次措施单是否正确。在测量电压前应检查万用表的电压挡位选择是否正确。

接线原则为：先接电源端，后接触点端，接线前先用导通法验证线芯两头同属一根线芯；每接一处，用万用表测量接入点电位差异来验证接线结果的正确性；先接负载端，后接电源端，接入二次回路前应确认接入端子和线芯无异常电位。对于施工类作业，当接线为同一回路时，接入前应核对接线位置是否在同一个端子，并测量端子、接线的电位是否正常，若不在同一个端子或者电位不正常，则应重新核对设计图纸和二次措施单是否正确。完成接入后即纳入运行设备进行管理，严禁擅自开展调试或改接线工作。

接入设备时，需采取有效措施，确保其他运行设备电源正常。

（5）密封回路作业安全措施要求。密封回路是为了在工作过程中，防止人为疏忽造成的误短、断、拆、接回路。通过用绝缘胶布等方式，密封非本次工作范围的所有回路，包括端子、空气开关、连接片等。也存在着在正常工作中，由于短、断、拆、接工序的进行，产生了新的密封回路的需求，只要工作条件变化后，需要与运行回路发生联系，就必须将该部分回路密封。如接线后，某线路间隔 TA 二次回路接入运行中的母差、安稳和备自投等运行装置时，就必须做好密封该回路的工作。

6. 工器具安全措施

（1）万用表使用防误用挡位。

每次使用万用表前必须确保其合格证在有效期内。

万用表电流量程插孔采取封堵量程插孔措施，避免万用表笔误插入电流挡。如图 1-2 所示，封堵电流量程插孔可采用 24mm 白底红字标签带，并在标签带上标注“每次使用后请打 OFF 挡”。

每次使用万用表测量时，应由第二人核对，保证万用表量程及挡位选择正确后方可测量，测量完毕后需将挡位打至 OFF 挡。

(a)

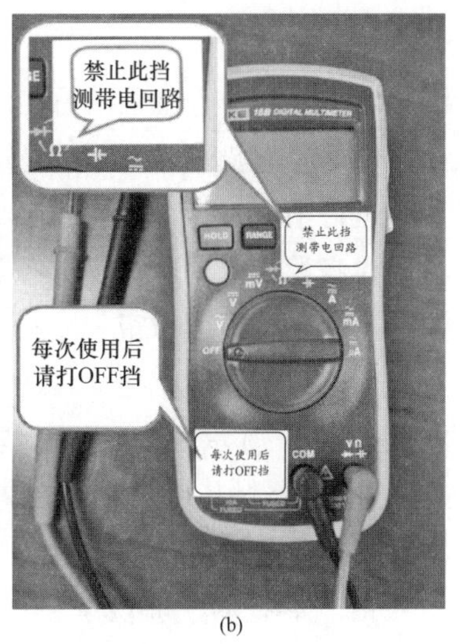

(b)

图 1-2　万用表的使用

(a) 背面图；(b) 正面图

需用电阻挡测量时，应确保待测回路无电压，并在万用表上用 24mm 白底红字标签带标注“禁止此挡测带电回路”。

(2) 测试仪外壳接地。测试仪的金属外壳在绝缘损坏时可能带电，漏电危及人身安全，所以须将测试仪的金属外壳接地。

(3) 工作电源接入。接入工作电源时，须接在试验电源屏或检修电源箱内。接入工作电源后，须确认电源漏电开关跳闸功能完好。

(4) 工器具金属裸露部分绝缘措施。所使用工器具的金属裸露部分要做好绝缘措施，如图 1-3 所示。

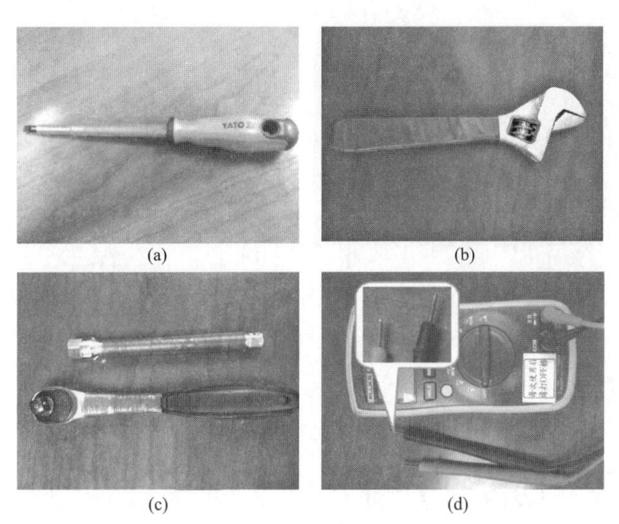

(a)　(b)　(c)　(d)

图 1-3　工器具金属裸露部分绝缘措施

(a) 绝缘螺丝刀；(b)、(c) 绝缘扳手；(d) 万用表

7. 运行设备隔离

（1）将作业屏柜与相邻的非作业屏柜用红布方式进行隔离。将所有与施工无关的运行中的屏柜门关闭、锁好，锁匙应由运行人员保管。运行和非运行设备的隔离如图 1-4 所示，在屏上设置“运行中”标识牌，在施工设备相邻两侧保护屏前后挂红布。作业屏柜内的检修设备与非检修设备应用遮挡物进行隔离，将与工作无关的装置、电源、端子、连接片、转换开关、操作开关等用布帘、贴封、防护盖等遮挡物隔离，只留出工作部分。如保护屏前后均有工作，则前后都应挂“在此工作!”标示牌；如只有一面工作，则只在工作的一面挂“在此工作!”标示牌，另一面挂红布。

“运行中”红布适用于控制室和继电保护室的控制屏、保护屏、测控屏，用于提示和封闭相邻的运行中设备屏（柜）和本屏（柜）内运行的保护装置及端子排。红布的设置应端正、水平、不皱褶、不脱落。屏内装设红布，可采用封胶粘贴在柜壁或装置表面，禁止使用绳子缚扎在端子排或装置的二次线上（见图 1-4）。

（2）同屏内运行回路和非运行回路的隔离。以“运行中”警示封条为例（见图 1-5），它适用于封闭与施工设备安装在同一屏、汇控柜、端子箱、机构箱等的装置、元件、端子排、连接片；适用于封闭同一间隔 GIS（气体绝缘金属封闭开关设备）非工作的机构箱门及气室。10kV 高压室工作中由于位置所限不能采用安全拉栏隔离时，可采用“运行中”警示封条封闭邻近的高压柜。多装置共用保护屏内的施工作业，使用警示封条封闭其他装置的正面和背面，封闭运行中的连接片、交直流空气开关、端子排等与工作无关的设备。警示封条的设置应端正、水平、不皱褶。

图 1-4　运行和非运行设备的隔离

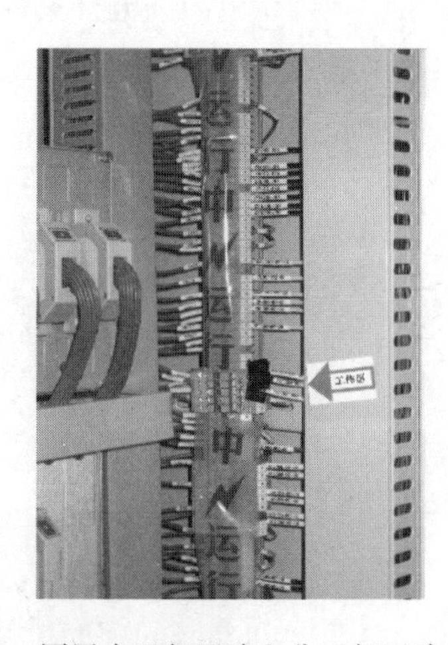

图 1-5　同屏内运行回路和非运行回路的隔离

第二节　跨专业作业风险类别及管控基本措施

继电保护、检修、试验、计量、运行等不同专业之间的现场作业可能存在相互影响

的作业风险。不同专业之间应重点关注现场可能相互影响的作业风险，高度重视交叉作业安全管理，充分辨识交叉作业风险来源，做好跨专业作业风险辨识和管控，关口前移，提升防范能力，预防危害的发生。

一、跨专业作业风险类别

1. 电流互感器

（1）误碰二次电流回路造成多点接地，引起运行电流回路分流或窜入电流，存在保护误动或拒动风险。

（2）作业过程中误将试验量加入二次电流回路中，存在保护误动风险。

（3）误断运行中的二次电流回路造成 TA 开路，可导致保护误动或拒动，存在人身和设备安全风险。

（4）作业过程中误短接二次电流回路，引起运行电流回路分流，存在保护误动或拒动风险。

（5）对已隔离的二次电流回路恢复不正确，造成二次电流回路极性错误或 TA 开路，可导致保护误动或拒动，存在人身和设备安全风险。

（6）变压器单侧间隔（包括变压器低压侧双分支接线中的某一分支间隔）检修状态下，主变压器差动等保护仍在运行，作业过程中误将试验量加入二次电流回路中，存在保护误动风险。

（7）具备一次绕组串并联方式调整的电流互感器，未正确调整一次与二次绕组接线方式造成变比错误，存在保护不正确动作或设备运行异常风险。

（8）更换电流互感器涉及变比调整工作，相关二次设备未同步调整，存在保护不正确动作或设备运行异常风险。

（9）TA 二次接线板安装恢复不当造成多点接地、分流或窜入电流，存在保护误动风险。

（10）TA 二次回路绝缘检查，存在人身触电伤害风险。

2. 电压互感器

（1）在电压互感器一次设备或二次回路上工作，误碰二次电压回路造成 TV 短路或二次电压回路多点接地，存在保护误动风险。

（2）在电压互感器一次设备或二次回路上工作，作业过程中误将试验量加入二次电压回路中，存在保护误动风险。

（3）误断运行中的二次电压回路或电压回路恢复不正确，存在保护误动风险。

（4）在电压互感器二次回路上作业的过程中加入试验量，存在电压反送电至一次设备风险。

3. 变压器

（1）采用强迫油循环方式的变压器，主变压器冷却控制系统全停或引起冷却控制系统工作电压全失（包括临时退出冷却控制系统全部工作电源），存在运行主变压器跳闸风险。

（2）主变压器本体及其辅助部件（气体继电器、调压装置、滤油装置、油泵、呼吸器等）的相关工作产生气体、油流等情况，存在本体/有载重瓦斯动作跳闸风险。

（3）主变压器本体绕组温度控制器（匹配器）接入主变压器套管TA电流回路，工作中存在误断运行二次电流回路或未正确恢复二次电流接线造成TA开路风险。

（4）冷却系统、本体表计、汇控柜、本体端子箱等设备区域内存在大量的运行元器件及交直流二次回路，工作中误碰、误接等情况引起继电器等元器件误动、直流接地或交流串入直流，存在设备误动风险。

（5）进行主变压器保护定检等试验工作时未正确隔离风冷系统启动回路，存在误启动主变压器本体风扇造成人身伤害风险。

4．断路器

（1）保护定检等工作未正确隔离分、合闸出口回路，存在断路器本体分、合闸动作时造成人身伤害风险。

（2）信号试验时误短接分闸（合闸）控制回路，存在断路器本体误动风险。

（3）拆线测量分、合闸线圈维护后误接分、合闸控制回路。

（4）断路器机构维护、二次电缆敷设等作业中误碰三相不一致继电器引起断路器跳闸。

（5）运行的断路器机构内分、合闸线圈因误碰或撞击引起断路器误跳闸。

（6）断路器控制回路拆接二次线引起直流接地。

（7）断路器控制回路二次线恢复不正确引起断路器拒动或保护装置异常。

（8）更换SF_6压力表时误接线造成断路器控制回路断线。

5．隔离开关

（1）隔离开关机构内分、合闸接触器因误碰或撞击，存在隔离开关误动风险。

（2）隔离开关闭锁回路消缺时引起隔离开关误动。

（3）隔离开关机构箱操作回路消缺时引起隔离开关误动。

（4）隔离开关机构技改工程中引起隔离开关误动。

6．保护与安自设备系统

（1）屏柜中接有运行电流回路，屏内作业存在运行设备TA开路风险。

（2）屏柜中电流回路串接其他运行装置，该电流回路上的停电作业存在误动运行设备风险。

（3）屏柜中接有运行电压回路，屏内作业存在TV短路风险。

（4）屏柜内作业误接或误断运行中电压回路，存在保护误动风险。

（5）在屏柜中电压回路上工作，未正确隔离或恢复电压回路，存在保护误动风险。

（6）屏柜上装置试验时未退出检修间隔的分、合闸出口连接片，存在人身伤害风险。

（7）屏柜内作业，未正确隔离与运行设备关联区域，存在运行设备误动风险。

（8）一次设备运行方式改变，相应保护、安自等设备状态未同步调整，存在保护、安自等设备不正确动作风险。

（9）定值区切换不正确，存在保护不正确动作风险。

（10）工器具使用不当，造成回路或装置异常，存在保护不正确动作风险。

7．自动化装置系统

（1）屏柜［包括同步相量测量系统（PMU）采集单元接入屏］中接有运行电流回路，屏内作业存在运行设备 TA 开路风险。

（2）屏柜中接有运行电压回路，屏内作业存在 TV 短路或接地风险。

（3）屏柜中接有遥控回路，屏内作业存在误碰遥控回路造成一次设备误分合风险。

（4）远动装置主备机切换，因主备机数据不同步，存在主备机切换过程中误信号上送调度主站影响调度监控风险。

（5）现场非自动化装置作业造成误发或频发信号上送调度主站，存在影响调度监控风险。

（6）后台监控机系统或调度主站遥控功能试验，存在误动运行设备或误伤现场作业人员风险。

（7）进行二次安防屏柜作业时，存在误改设备策略导致二次安防通信业务中断或二次安防设备失效的作业风险。

8．电能与计量监测系统

（1）屏柜中接有运行电压回路，屏内作业存在 TV 短路风险。

（2）屏柜中接有运行电流回路，屏内作业存在运行设备 TA 开路风险。

（3）屏柜中电流回路串接其他运行装置，该电流回路上的作业存在误动运行设备风险。

（4）电能质量在线监测装置接入电网，导致自动化测控装置数据异常风险。

（5）带电更换运行电能表，屏内作业存在运行设备 TA 二次开路风险。

（6）带电更换的电能表二次电流回路串接其他运行装置，该电流回路上的作业存在导致其他设备运行异常的风险。

（7）带电更换运行电能表，存在 TV 二次短路风险（计量与测量共用 TV 二次绕组时，短路时造成总空气开关跳闸，后台误报“母线失压信号”）。

9．通信设备系统

（1）承载保护业务的光纤通道发生异常或中断，存在保护不正确动作的风险。

（2）入站光缆的地埋光缆段存在易遭外力破坏的风险，导致通道中断造成保护不正确动作。

（3）架空光缆迁改施工，存在误断其他运行光缆的风险。

（4）在传输设备、数字配线架（DDF）配线屏进行通道测试时，误碰、误动其他运行通道端口，导致生产实时控制业务通信通道中断的风险。

（5）在传输设备、DDF配线屏进行通道测试，测试完毕后没有核查用户设备已恢复正常运行状态就结束工作，导致通道没有正常投入运行的风险。

（6）在光纤配线架（ODF）配线屏进行通道测试或跳纤工作时，误碰、误动其他运行纤芯，导致生产实时控制业务通信通道中断的风险。

（7）在ODF配线屏进行纤芯性能测试工作，测试完毕后没有及时恢复运行纤芯状态，导致运行业务通信通道中断的风险。

（8）通信电源改接线时，误拆除其他运行设备电源，导致通信设备非计划停运的风险。

（9）直流配电设备检测时，误碰运行设备电源，导致通信设备非计划停运的风险。

（10）在调度数据网设备屏、综合数据网设备屏进行通道测试时，误删除配置数据，导致运行业务通信通道中断的风险。

（11）在调度数据网设备屏、综合数据网设备屏进行布线工作时，误碰运行调度数据网交换机或其配线，导致运行业务通信通道中断的风险。

10. 交流系统

（1）UPS系统缺陷处理影响二次安防电源正常供电。

（2）UPS屏元器件、二次回路缺陷处理，存在交、直流短路、接地风险。

（3）更换交流控制器后，参数整定错误。

（4）进行380V进线断路器检修工作时，定值整定错误。

（5）进行交流配电设备二次回路缺陷工作时，发生短路、接地等风险，影响交流负荷运作。

11. 直流系统

（1）直流系统48V充电模块（供通信设备用电）退出时存在全站通信中断的风险。

（2）直流系统220V和110V充电模块（供继保自动化设备用电）退出，导致直流负荷不足。

（3）直流系统充电模块更换后运行异常，影响直流供电。

（4）两段直流母线并列时，压差过大引发直流电压波动，甚至发生短路。

（5）更换直流屏表计后，地址码设置错误。

（6）更换降压硅设备后，降压硅不能正常运行。

（7）退出后再次投入充电机组或蓄电池组时，对应熔断器接触不良。

（8）更换直流监控器后，参数整定错误。

（9）进行直流屏二次回路缺陷工作时，发生非工作端子排接地或短路，导致直流接地、短路。

二、跨专业作业风险管控基本措施

（1）制定二次电流回路安全措施时，应先明确“TA 回路是否带电”“TA 回路是否有和电流”“TA 回路是否串接运行设备”“TA 回路接地点位置”等回路情况，辨识“能不能断”“在哪里断、在哪里短、在哪里密封”“先短后断、先断后短还是只断不短”等风险，确保二次安全措施正确、完备。

对 TA 进行预防性试验检修时，为防止试验电流误注入运行中的保护、安自装置，要求相应的二次电流回路须进行物理隔离，应在最靠近检修 TA 的汇控柜或端子箱端子排处，打开检修 TA 对应的二次电流回路端子连接片，端子连接片靠近保护侧禁止短接，并应密封。特别应注意防止和电流形式的二次电流回路多点接地或失去接地点。

（2）制定二次电压回路安全措施时，应先明确“TV 回路是否带电”“TV 回路有无并接运行设备”“TV 回路接地点位置”等回路情况，辨识“能不能断”“在哪里断、在哪里密封”等风险，确保二次安全措施正确、完备。

在 TV 本体上工作时，应断开保护绕组、测量绕组、计量绕组的电压空气开关，并拆除开口三角电压、N600 电缆线芯，用绝缘胶布包扎完好。

（3）当出现轻瓦斯报警且满足下列任意条件时，在未停电情况下不得靠近变压器（电抗器）开展现场检查：

1）本体、套管及分接开关曾出现过局部放电、过热等缺陷，或怀疑强油系统产生金属屑异物，或存在批次性缺陷等问题。

2）一天内连续发生两次轻瓦斯报警。

3）压力释放阀、油压速动保护同时出现动作报警。

4）变压器油色谱离线或在线监测数据异常。

（4）现场作业时，对易引起误触碰事件的电流回路、电压回路、失灵启动回路、联跳回路等做好物理隔离。

（5）拆除二次回路的外部电缆，应立即用绝缘胶布对金属裸露部分进行包扎，未征得工作负责人同意前不得拆除。

（6）现场工作时应对同屏（柜）的其他运行间隔的设备相关回路进行密封或标识，防止影响运行设备。

（7）在涉及运行设备、运行回路的互感器接线盒、断路器汇控柜（端子箱）等位置作业时，工作过程中需采取防止工作人员身体、工器具或风吹等误碰运行设备（如继电器、表计等）和运行回路（如接线、连接片、端子排接线）的安全措施。

（8）一次设备复电前，应对相关二次设备及回路进行充分检查，重点检查监控后台告警信息、保护装置采样、空气开关投退、二次安全措施恢复等内容。

(9) 对于交叉或者多专业协同作业，二次安全措施有重叠的，各工作班负责人应在执行、恢复和变动时做好沟通和记录，防止漏执行、漏恢复、误恢复。

(10) 隔离开关回路工作前，应确认端子箱（汇控柜）隔离开关和电动机电源确已断开，对于机构箱处配置有独立电动机电源开关的，还必须断开其电动机电源；对端子排处涉及非检修隔离开关的分合闸控制回路进行封闭，防止工作中误碰误动。

第二章　继电保护常用工器具

继电保护及自动化日常工作中，维护人员需要使用较多的测试仪器，如继保测试仪、钳形电流表、万用表、绝缘电阻测试仪、相位伏安表、光功率计、直流接地查找仪等。下面对这些常用工具进行介绍。

第一节　继 保 测 试 仪

1. 基本介绍

继保测试仪（见图 2-1）是采用电子技术研制的新一代继电保护测试装置，可以独立完成继电保护、励磁、计量、故障录波等专业领域内的装置和元器件的测试调试，广泛适用于电力、铁路、石化、冶金、矿山、军事、航空等行业的科研、生产和电气试验现场。继保测试仪具有以下特点：

（1）12 路 D/A（6U+6I）同时输出方式；

（2）可使用交/直流 220V 供电；

（3）可实现电网频率同步实时输出；

（4）具有多机同步输出功能，能同时输出几十路甚至上百路的可控制的模拟量；

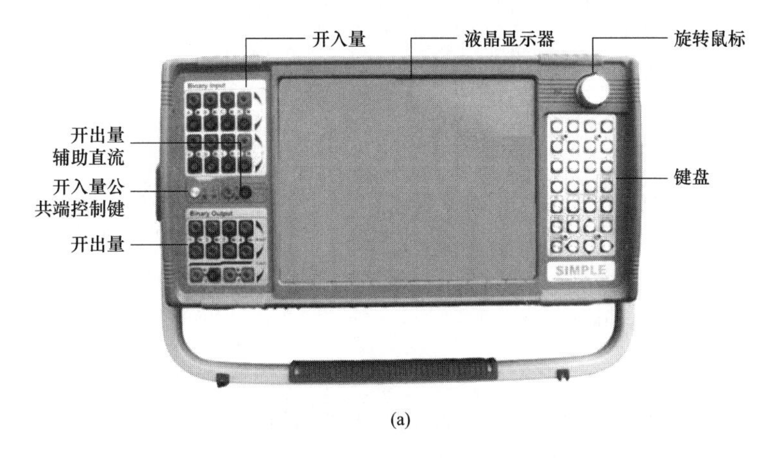

图 2-1　继保测试仪（一）

（a）实物图 1

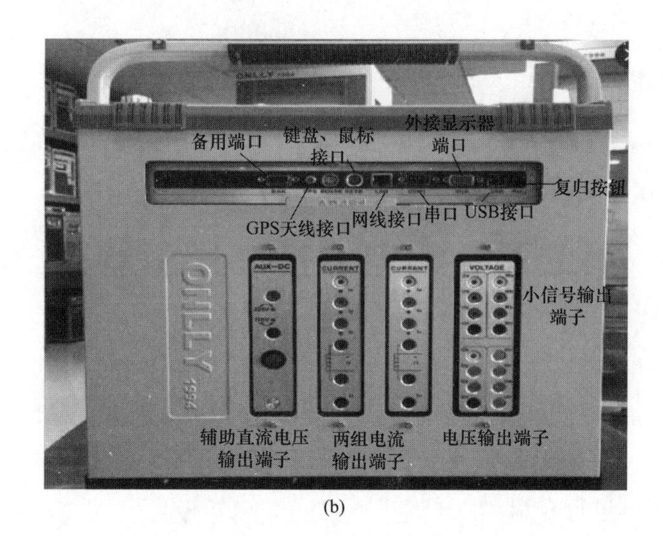

(b)

图 2-1 继保测试仪（二）

（b）实物图 2

（5）Un 与 In 完全隔离，更加符合现场的测试要求。

2. 注意事项

（1）使用前需检查继保测试仪外观完好、外壳无破损、处于检验合格期内。

（2）启动继保测试仪前，需确认继保测试仪可靠接地（接地线端孔位于电源插座旁）；禁止将外部的交直流电源引入到继保测试仪的电压、电流输出插孔；工作电源误接 380V AC 将长期音响告警。

（3）开始试验前，需确认单相电流超过 10A 时，请按 F5 或根据提示选择切换到重载输出。

第二节　钳 形 电 流 表

1. 基本介绍

钳形电流表俗称钳表、卡表，通常用于电气设备、电力线路的交流电流和直流电流的测量，如图 2-2 所示。在日常维护、消缺、母差或稳控装置定检、TA 升流试验等工作中都会用到钳形电流表。钳形电流表是一种不需断开电路就可直接测量电路中电流大小的便携式仪表。这种测量方式最大的益处就是可以测量电流而不需关闭被测电路，在电气检修、检测中使用非常方便。

钳形电流表的种类较多，按读数显示方式分为指针式和数字式两大类；按测量电压分为低压钳形表和高压钳形表；按其结构及用途分为互感器（磁电）式和电磁系两种，常用的是互感器（磁电）式钳形电流表，由电流互感器和整流系仪表组成；按功能分为普通交流钳形表、交直流两用钳形电流表、漏电流钳形表、带万用表的

钳形表等。

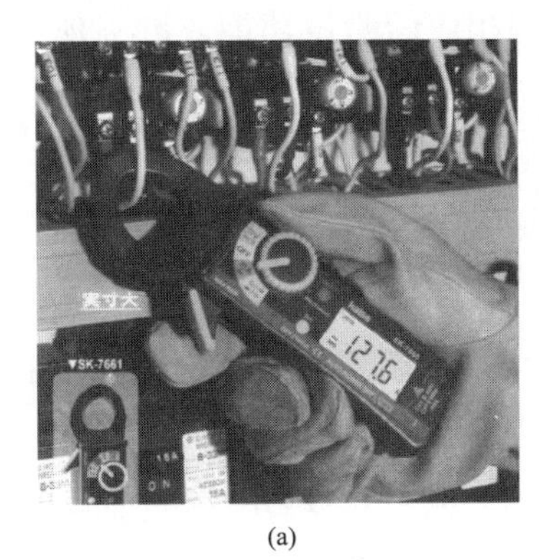

(a)

(b)

图 2-2　钳形电流表使用

(a) 实物图；(b) 使用示意图

2. 使用风险分析

(1) 测量裸导体的电流，导致触电或短路。

(2) 测量时因身体各部位与带电体的距离没有满足安全要求，触及其他带电部分，导致触电或引起回路异常。

(3) 测量电流，用钳口夹被测电流线缆时扯断线缆导致电流回路开路，损坏 TA、装置，对测量人员造成伤害。

3. 注意事项

(1) 测量前根据被测电流的种类、电压等级正确选择钳形电流表，被测线路的电压要低于钳形电流表的额定电压。

(2) 电流流过钳形电流表方向应与钳形电流表标示的方向一致。

(3) 钳口内只能允许有一相的导线。

第三节　万　用　表

1. 基本介绍

在日常工作中，万用表被广泛应用，如：修改定值后投入出口连接片时须用数字万用表测量连接片上下端对地无异极性电压方可投入；在排查二次回路故障时，通过万用表测量回路电位或通断来判断故障点；母差、稳控装置定检等工作中，通过测量出口连接片对地电压跳变来检验保护出口是否正确；测量电器元件的阻值。

万用表根据测量原理和结果显现方式，可分为指针式和数字式两大类，如图 2-3 所示。数字万用表是目前最常用的一种数字仪表，是现代电子测量与维修工作的必备仪表。相比于传统指针万用表，数字万用表采用先进的数显技术，显示清晰直观、读数准确、使用方便。数字万用表可通过旋转开关选择相应的测试功能，可实现：测量交流电压和直流电压，测量交流或直流电流，测量电阻，测试导线通断，测试二极管，测量电容，测量频率和占空比等功能。

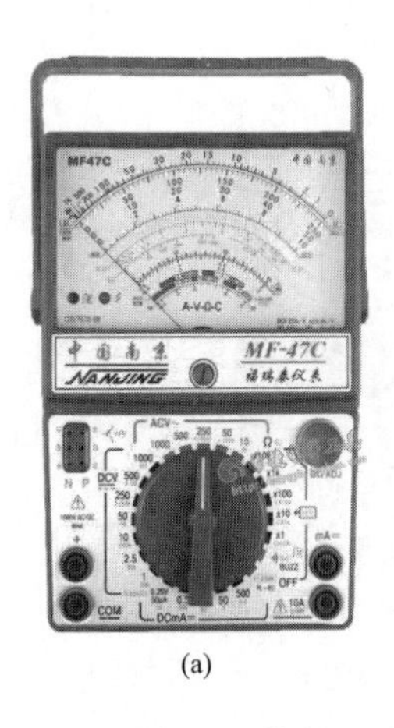

(a)

(b)

图 2-3　指针万用表及数字万用表

(a) 指针万用表；(b) 数字万用表

2. 注意事项

(1) 测量时，必须使用正确的端子、功能挡和量程挡。

(2) 测量电阻、通断性、二极管或电容前，必须先切断电源，并将所有的高压电容器放电。

(3) 端子之间或每个端子与接地点之间施加的电压不能超过额定值。

(4) 测量交流电压时，先连接中性线或地线，再连接相线；断开时，先切断相线，再断开中性线和地线。

(5) 测量交直流电流时，不能造成电流回路开路。

(6) 使用万用表进行测量时，要注意人身和仪表设备的安全，测试中不得用手触摸表笔的金属部分。

(7) 打开电池盖之前，首先断开所有探头、测试线和附件。

(8) 在电阻挡测量时，严禁触碰元器件引脚与表笔金属部分，尤其是当元器件阻值较大时，人体电阻并联会减小电阻值，从而影响测量准确度。

(9) 测量电压时，必须正确选取接地点，如图 2-4 所示。

(a)

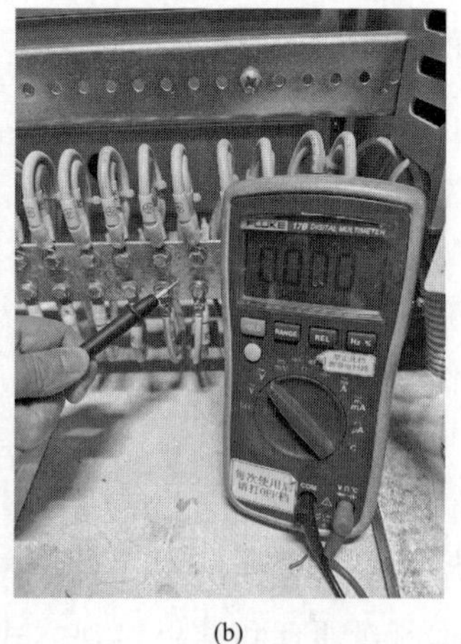

(b)

图 2-4　万用表接地点选取正确与错误示例

(a) 正确；(b) 错误

第四节　绝缘电阻测试仪

1. 基本介绍

绝缘电阻测试仪又称绝缘电阻表、兆欧表、摇表、迈格表、高阻计、绝缘电阻测定仪等，是一种测量电气设备及电路绝缘电阻的仪表。在日常工作中，常应用到绝缘电阻测试仪的工作有二次回路绝缘检测、直流接地故障排查等。目前的绝缘电阻测试仪分为手摇式绝缘电阻测试仪与电动式绝缘电阻测试仪（又称数字式绝缘电阻测试仪、电子式绝缘电阻测试仪），如图 2-5 所示。由于数字式绝缘电阻测试仪不需人力做功，轻便易携带，数值也比较直观，因此在现场工作中，现基本上采用数字式绝缘电阻测试仪。

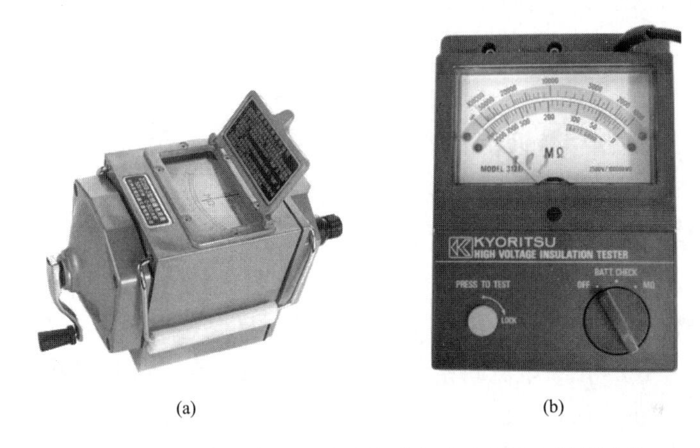

(a)　　(b)

图 2-5　手摇式绝缘电阻测试仪及电动式绝缘电阻测试仪
（a）手摇式绝缘电阻测试仪；（b）电动式绝缘电阻测试仪

2. 使用风险分析

（1）测试接线前，误碰绝缘电阻测试仪相关按钮，使得绝缘电阻测试仪进入工作状态，此时若不及时注意，则可能误碰绝缘电阻测试仪接线柱造成人员伤害。

（2）绝缘电阻测试仪在测量时，误碰接线柱，造成电击伤人。

（3）使用手摇式绝缘电阻测试仪时，在测试中，手触及测量部分或绝缘电阻测试仪接线柱，造成人员伤害。

（4）测试完毕，拆除接线前，未进行人工放电，造成人员伤害。

3. 注意事项

（1）禁止在雷电时或附近有高压导体的设备上测量绝缘电阻。只有在设备不带电又不可能受其他电源感应而带电的情况下才可测量。

（2）为了确保人身安全，接地线必须可靠接地。

（3）测试接线前，必须确认绝缘电阻测试仪未进入工作状态，被试品应脱离供电，并经人工放电，证明安全后方可实施接线操作。

（4）绝缘电阻测试仪在测量时，接线柱两端有直流高压输出，应注意安全，防止电击伤人。

（5）测量开始前，应确认测量回路两端没有人员靠近、接触被测线缆，防止电击伤人。

（6）绝缘电阻测试仪在测试中，切勿用手去触及设备的测量部分或绝缘电阻测试仪接线桩。拆线时也不可直接去触及引线的裸露部分。

（7）绝缘电阻测试仪内虽有高压泄放回路，但是为了确保安全，绝缘电阻测试仪退出工作状态后，在拆除接线前仍必须进行人工放电，确保被测品放电完毕安全后方可实施拆线操作。

（8）绝缘电阻测试仪应定期进行校验。校验方法是直接测量有确定值的标准电阻，检查其测量误差是否在允许范围以内。

第五节　相 位 伏 安 表

1. 基本介绍

相位伏安表（见图 2-6）是一种具有多种电量测量功能的便携式仪表，可以在被测回路不开路的情况下，同时测量三相交流电压和电流、电压间相位、电流间相位、电压电流间相位、频率、相序、有功功率、无功功率、视在功率、功率因数、电流矢量和，判别变压器接线组别、极性，母差保护电流极性，读出各组电流回路之间的相位关系，检查电能表的接线正确与否，检修线路设备等。相位伏安表常被应用于新设备启动时的带负荷测试及其他日常维护测试工作。

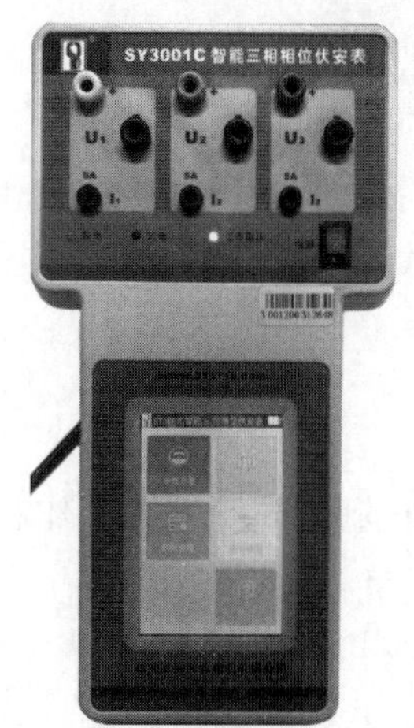

图 2-6　相位伏安表

2. 使用风险分析

（1）错误接线导致电压接地或短路。

（2）用钳口夹被测电流线缆时扯断线缆导致电流回路开路，损坏 TA、装置，对测量人员造成伤害。

3. 注意事项

（1）现场接线时，为保证操作人员的安全，先接好仪器连线后，再接入现场被检电力系统；拆线时先断开现场电力系统连接，再拆除仪器上接线。

（2）测量单相回路时，建议选用 A 相插孔接入电压电流信号，因为测量端测试电源取自 A 相电压通道。

（3）将被测载流导体置于近似钳口几何中心位置，可使电流幅值测量误差达到最小。

（4）钳形电流表在采样时，应保证电流方向正确。

（5）注意电流电压的同名端。

（6）电流电压相位超前滞后模式要选对。

（7）根据读数选择合适量程，以减少误差。

第六节　光　功　率　计

1. 基本介绍

光功率计如图 2-7 所示，主要用于：通道定检时测量光功率，通道故障时查找故障点。

2. 注意事项

（1）仪表使用完毕后，请及时切断电源，盖上光纤接头防尘帽，保护端面清洁，防止附着灰尘而产生测量误差，置于通风干燥处。

（2）经常清洁光纤连接器，保持光路干净。

（3）小心拔插光适配器接头，避免插入非标准适配器接头及抛光面差的端面，否则会损坏传感器端面。

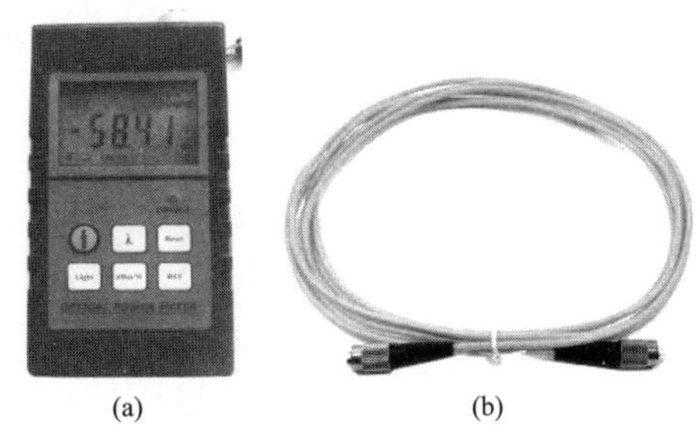

(a)　(b)

图 2-7　光功率计
（a）实物图；（b）光纤

（4）外接电源需使用配套产品，以免造成永久性损坏。

（5）长期不使用时取出电池，以免电池腐烂。

（6）每年校准一次，以确保测量精度。

（7）勿自行拆卸设备，这可能导致永久性损坏并失去保修资格。

第七节　直流接地查找仪

1. 基本介绍

直流接地查找仪（见图 2-8）通常用于直流系统发生接地时，对接地支路的查找。直流接地查找仪是一种不需断开支路就可直接查找接地支路的便携式仪表，可准确查找直流系统各种接地故障点（单极、两极、多点、蓄电池组接地、交流窜入）。

2. 注意事项

（1）如果直流系统接地选线原理也是双桥式，那么需拆除接地段直流系统绝缘检测装置的接地点再查找。

（2）信号源接入直流母线时防止直流接地或短路。

（3）查找接地时避免大力扯拽接线。

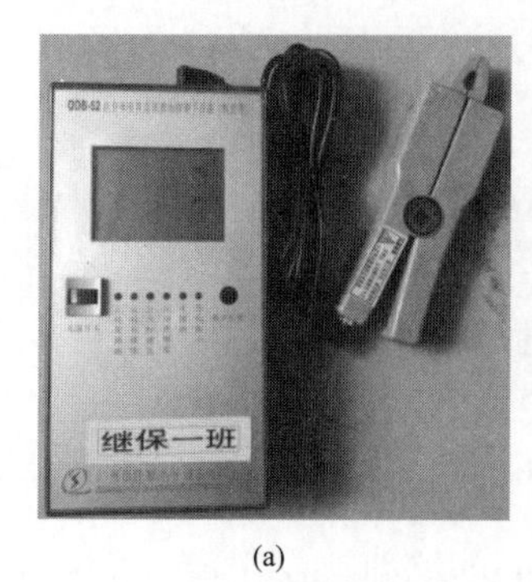

(a)

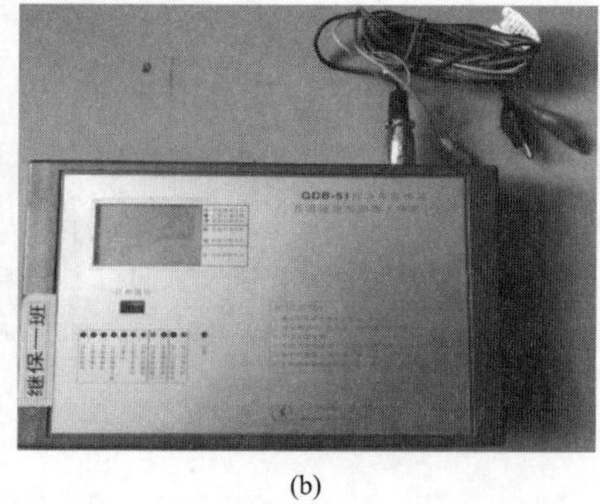

(b)

图 2-8　直流接地查找仪

（a）实物图 1；（b）实物图 2

第三章　二次回路作业风险及管控基本措施

第一节　失灵回路作业风险类别及管控基本措施

1. 失灵回路示意图

以 220kV 线路保护更换工程为例，需要拆除 220kV 线路保护屏，拆除前需要拆除外部全部回路接线，其中与运行间隔相关最重要的是失灵启动回路。220kV 失灵保护是母线上所有开关的近后备保护，失灵保护与母线上所有间隔的保护相关联，某一间隔的失灵保护误动将导致母线失压，影响巨大。

失灵回路示意图如图 3-1 所示。

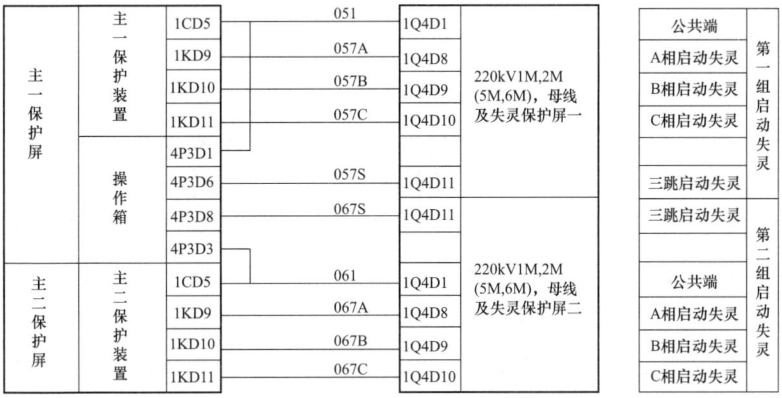

屏	装置	端子	回路	端子	失灵保护屏	开入	组别
主一保护屏	主一保护装置	1CD5	051	1Q4D1	220kV1M,2M (5M,6M)，母线及失灵保护屏一	公共端	第一组启动失灵
		1KD9	057A	1Q4D8		A相启动失灵	
		1KD10	057B	1Q4D9		B相启动失灵	
		1KD11	057C	1Q4D10		C相启动失灵	
	操作箱	4P3D1					
		4P3D6	057S	1Q4D11		三跳启动失灵	
		4P3D8	067S	1Q4D11	220kV1M,2M (5M,6M)，母线及失灵保护屏二	三跳启动失灵	第二组启动失灵
		4P3D3					
主二保护屏	主二保护装置	1CD5	061	1Q4D1		公共端	
		1KD9	067A	1Q4D8		A相启动失灵	
		1KD10	067B	1Q4D9		B相启动失灵	
		1KD11	067C	1Q4D10		C相启动失灵	

图 3-1　失灵回路示意图

如图 3-2 所示，失灵回路由主一保护提供 TJA、TJB、TJC 保护分相动作触点，由主二保护提供 TJA、TJB、TJC 保护分相动作触点，操作箱提供 1TJR、2TJR 三相永跳动作触点分别开入到 220kV 失灵保护装置。所以该回路的电源侧是失灵保护屏，非电源侧是线路保护屏。

主一保护 A 相失灵启动回路具体走向如下：失灵保护正电源 1Q4D1→回路 051/1E-103→主一保护屏端子 1CD4→主一保护 A 相动作触点 TJA-3→A 相失灵启动连接片 1XB10→主一保护屏端子 1KD9→回路 057A/1E-103→失灵保护开入端 1Q4D8。

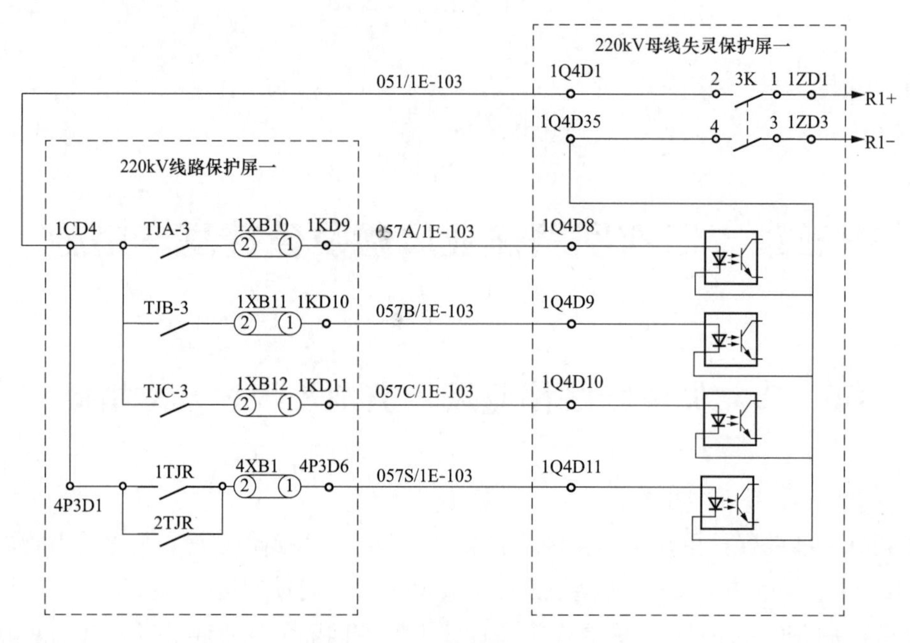

图 3-2　失灵保护一启动回路图

2. 失灵、联跳回路拆线风险辨析及控制措施

风险一：拆除失灵回路过程中误碰造成失灵回路接通启动 220kV 失灵保护，失灵保护出口跳开母线上所有开关，造成 220kV 母线失压。

控制措施如下：

(1) 按照工作票要求退出主一保护屏、主二保护屏所有失灵启动连接片（见图 3-3）。开工前用绝缘胶布密封失灵启动连接片带电端（见图 3-4）。工作票填写要求如下：

1) 退出 25P 220kV 某某乙线主一保护屏以下连接片：1XB10 CSC103 启动 2516 断路器 A 相失灵（至 220kV 1M、2M 母差失灵一）、1XB11 CSC103 启动 2516 断路器 B 相失灵（至 220kV 1M、2M 母差失灵一）、1XB12 CSC103 启动 2516 断路器 C 相失灵（至 220kV 1M、2M 母差失灵一）、4XB1 JFZ12 启动 2516 断路器三相失灵 1（至 220kV 1M、2M 母差失灵一）、4XB2 JFZ12 启动 2516 断路器三相失灵 2（至 220kV 1M、2M 母差失灵二）。

2) 退出 26P 220kV 某某乙线主二保护屏以下连接片：1XB10 PCS931 启动 2516 断路器 A 相失灵（至 220kV 1M、2M 母差失灵二）、1XB11 PCS931 启动 2516 断路器 B 相失灵（至 220kV 1M、2M 母差失灵二）、1XB12 PCS931 启动 2516 断路器 C 相失灵（至 220kV 1M、2M 母差失灵二）。

(2) 工作前要先熟悉屏内运行设备相关接线。查阅保护回路图、端子排图和现场接线，将需要解开二次回路的端子排号、两侧接线编号一一对应，详细记入二次回路安全技术措施单。

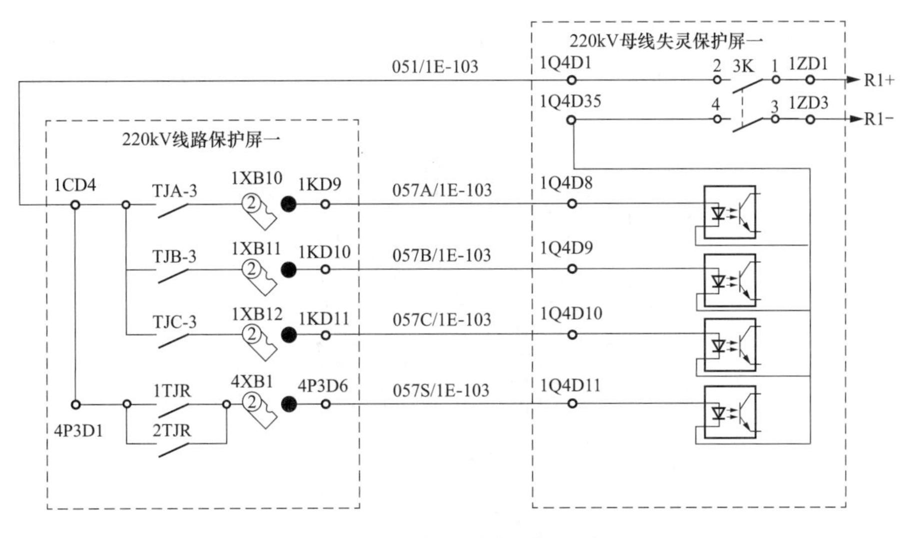

图 3-3　失灵保护动作原理示意图

具体措施单填写见表 3-1。

(3) 拆线地点要有明显的标识，将拆线地点的前后运行端子用绝缘胶布封好，只空出拆线地点给施工人员拆线，如图 3-5 所示。

(4) 严格按照措施单顺序，先拆除电源侧，再拆除负荷侧；两侧拆除完后测量对地无电压后进行对线。

步骤一：一直测量着线路保护屏 1CD4 端子（回路号 051/1E-103）带正电，拆除失灵保护屏 1Q4D1 端子（回路号 051/1E-103）接线，拆除后线路保护屏 1CD4 端子不带电，如图 3-6 所示。

图 3-4　现场实施效果图一

表 3-1　　**具 体 措 施 单**

序号	措施
1	在 19P 220kV 5M、6M 母差及失灵保护屏一操作 拆除 1E-103 电缆至 136P 220kV 某某线主一保护屏失灵回路：1Q4D1（051）、1Q4D8（057A）、1Q4D9（057B）、1Q4D10（057C）、1Q4D11（057S）
2	在 136P 220kV 某某线主一保护屏操作 拆除 1E-103 电缆至 194P 220kV 5M、6M 母差及失灵保护屏一失灵回路：1CD4（051）、1KD9（057A）、1KD10（057B）、1KD11（057C）、4P3D6（057S）

步骤二：一直测量着线路保护屏1KD9端子（回路号057A/1E-103）带负电，拆除失灵保护屏1Q4D8端子（回路号057A/1E-103）接线，拆除后线路保护屏1KD9端子不带电，如图3-7所示。

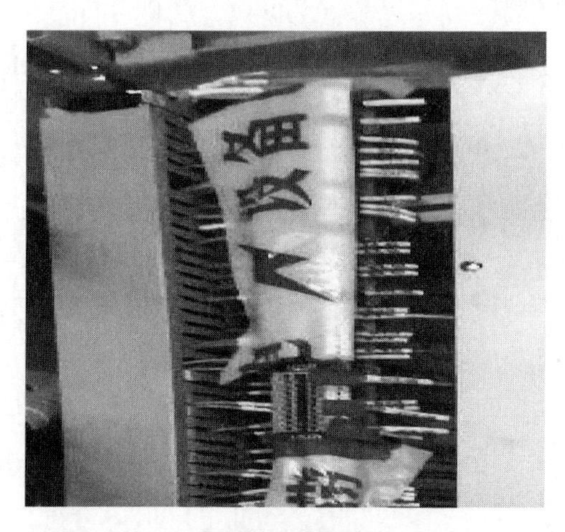

图3-5　现场实施效果图二

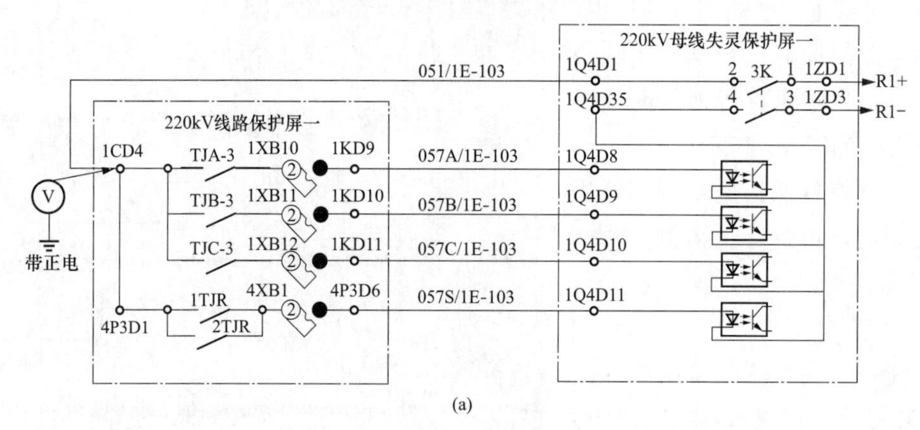

(a)

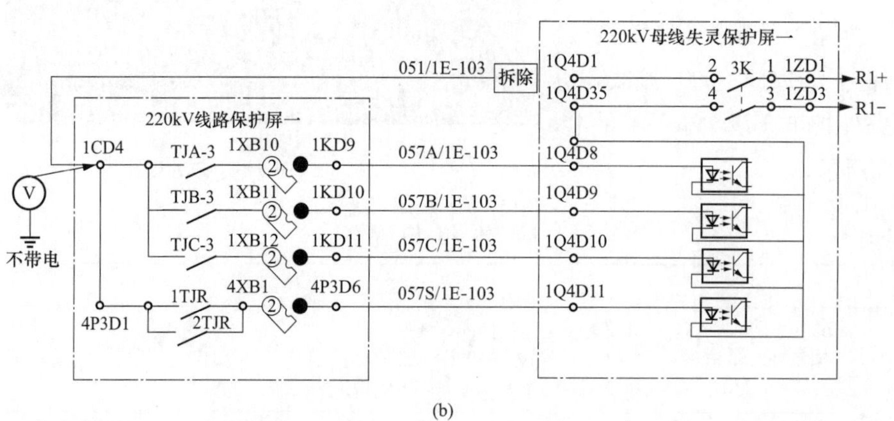

(b)

图3-6　测量线路保护屏1CD4端子示意图

（a）带正电；（b）不带电

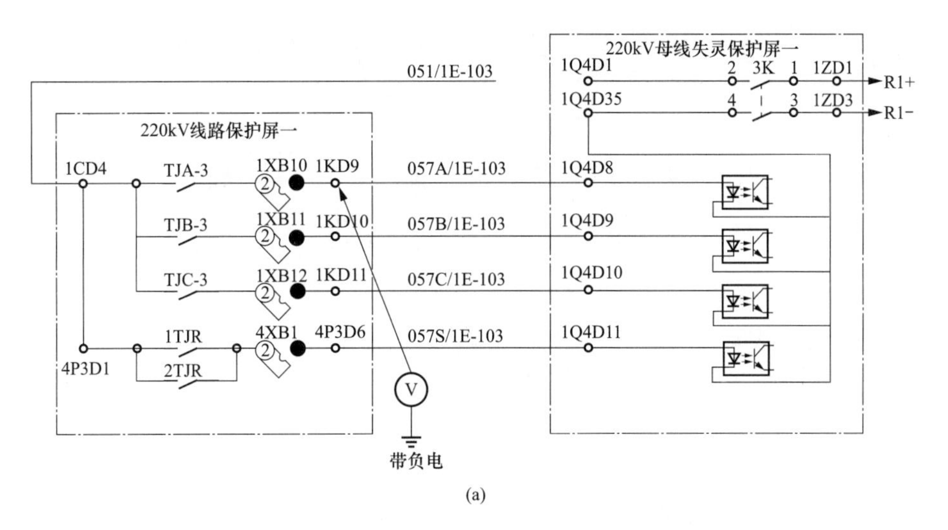

(a)

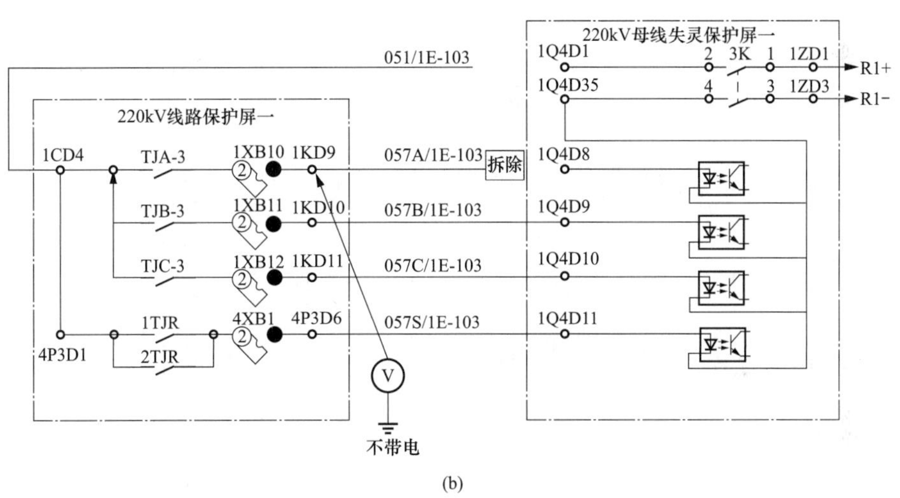

(b)

图 3-7 测量线路保护屏 1CD4 端子示意图

(a) 带负电；(b) 不带电

步骤三：按照步骤二的方法逐根拆除失灵保护屏 1Q4D9（回路号 057B/1E-103）、1Q4D10（回路号 057C/1E-103）、1Q4D11（回路号 057S/1E-103）端子的所有 1E-103 电缆接线，如图 3-8 所示。

步骤四：依次拆除线路保护屏 1CD4（回路号 051/1E-103）、1KD9（回路号 057A/1E-103）、1KD10（回路号 057B/1E-103）、1KD11（回路号 057C/1E-103）、4P3D6（回路号 057S/1E-103）端子的接线，如图 3-9 所示。

步骤五：依次测量线路保护屏 051/1E-103、057A/1E-103、057B/1E-103、057C/1E-103、057S/1E-103 接线对地无电压，如图 3-10 所示。

步骤六：依次测量失灵保护屏 051/1E-103、057A/1E-103、057B/1E-103、057C/1E-103、057S/1E-103 接线对地无电压，如图 3-10 所示。

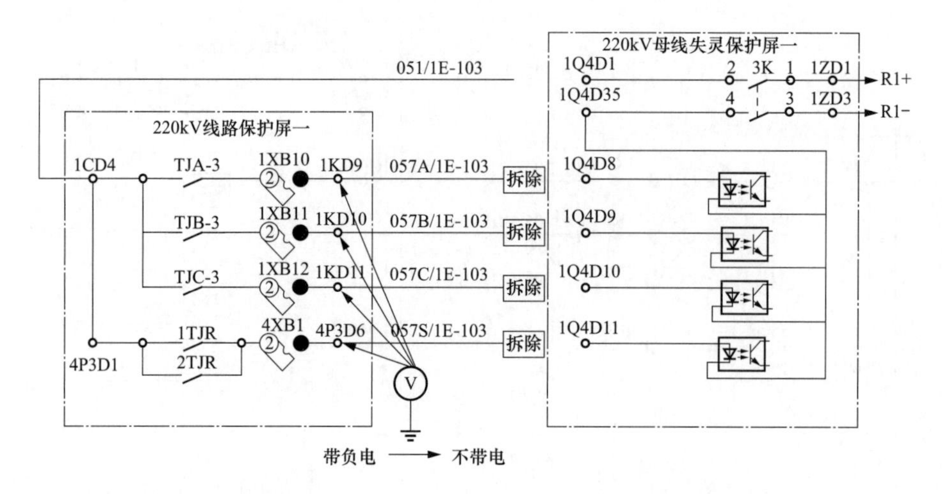

图 3-8 拆除失灵保护屏端子所有 1E-103 电缆接线示意图

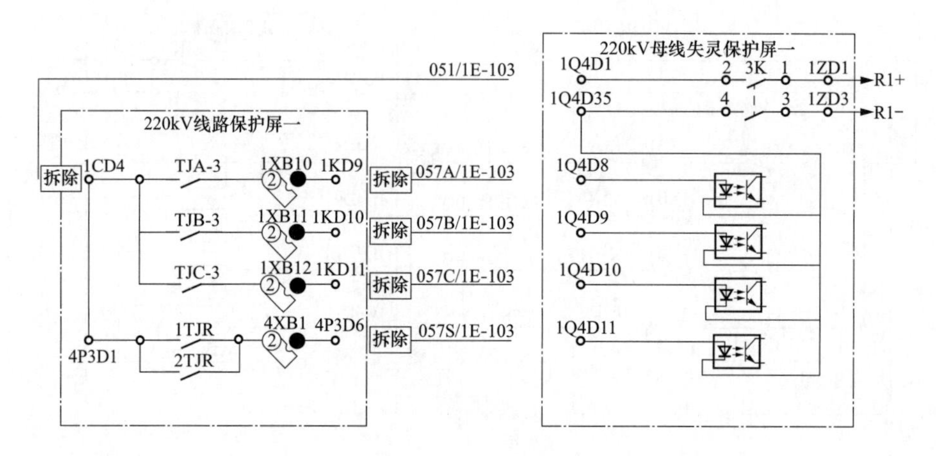

图 3-9 拆除线路保护屏端子接线示意图

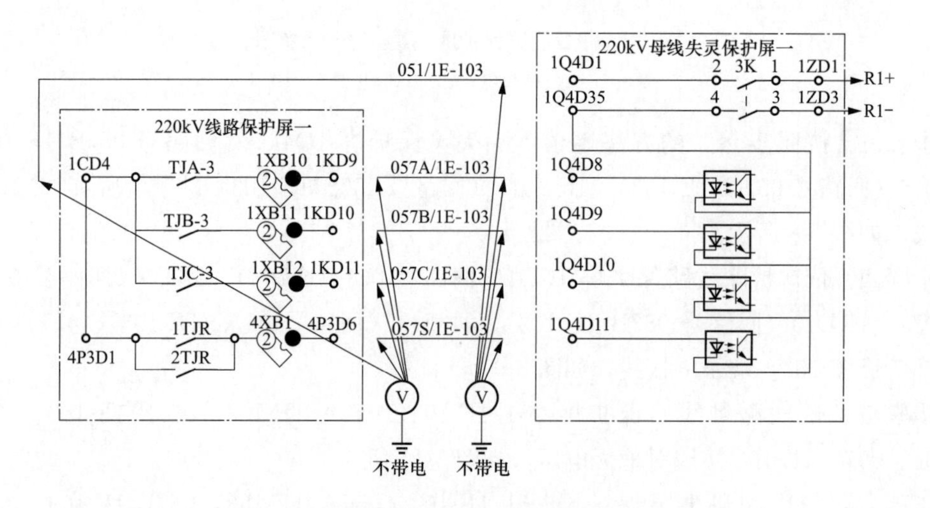

图 3-10 测量线路保护屏和失灵保护屏示意图

步骤七：根据回路编号，在失灵保护屏将线芯逐根接地，在线路保护屏逐根测量线芯对地电阻导通，确认拆除电缆正确无误后用绝缘胶布密封，如图 3-11 所示。

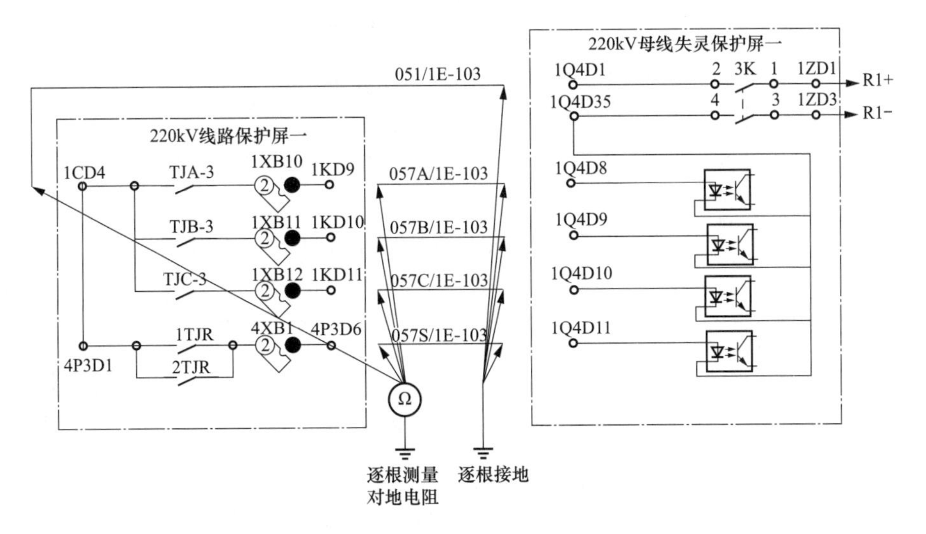

图 3-11　逐根测量对地电阻和逐根接地示意图

风险二：拆除过程中直流接地造成直流系统绝缘能力降低。

控制措施如下：

(1) 工器具包括螺钉旋具、万用表等，使用参考公共部分的要求。

(2) 将端子排上接二次电缆的芯线解开并用绝缘胶布包扎好，另一人监护并确认，在二次回路安全技术措施单上签字。

第二节　电流回路作业风险类别及管控基本措施

1. 电流回路 TA 配置图

图 3-12、图 3-13 分别为某 220kV 线路和 500kV 线路 TA 配置图，由于现场装设的 TA 绕组有限，需要采集和使用电流的二次设备数量较多，这就使电流的二次回路难免串接多个负载，如图 3-12 中电流回路第四个绕组，220kV 备自投串接了故障录波；图 3-13 中电流回路第一个绕组，线路主保护串接了安稳和行波测距装置。

变电站综合自动化改造过程中，按间隔类型可分为线路改造、主变压器改造、母差改造、安稳改造、录波改造等，其中只有线路、主变压器改造时为停电（一次设备停运）进行，其余公共部分改造均在一次设备运行情况下进行。当进行线路改造时，母差、安稳装置为运行设备，拆除电流回路时会存在误拆线、误加量导致母差、安稳装置误动的风险；当进行母差、安稳等公共部分改造时，由于一次设备运行 TA 回路带电，存在误拆电流线导致 TA 二次回路开路的风险。

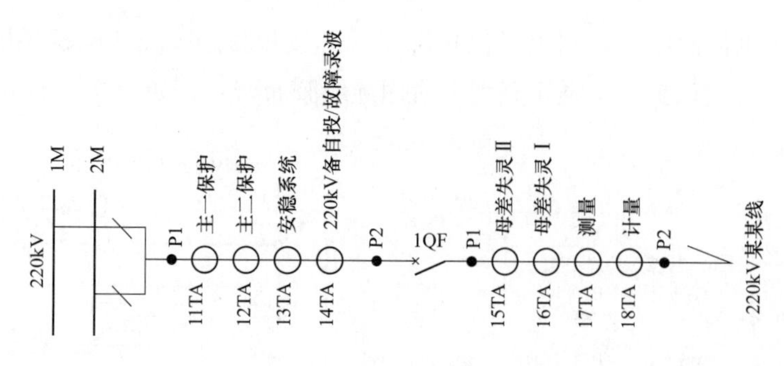

图 3-12　220kV 线路 TA 配置图

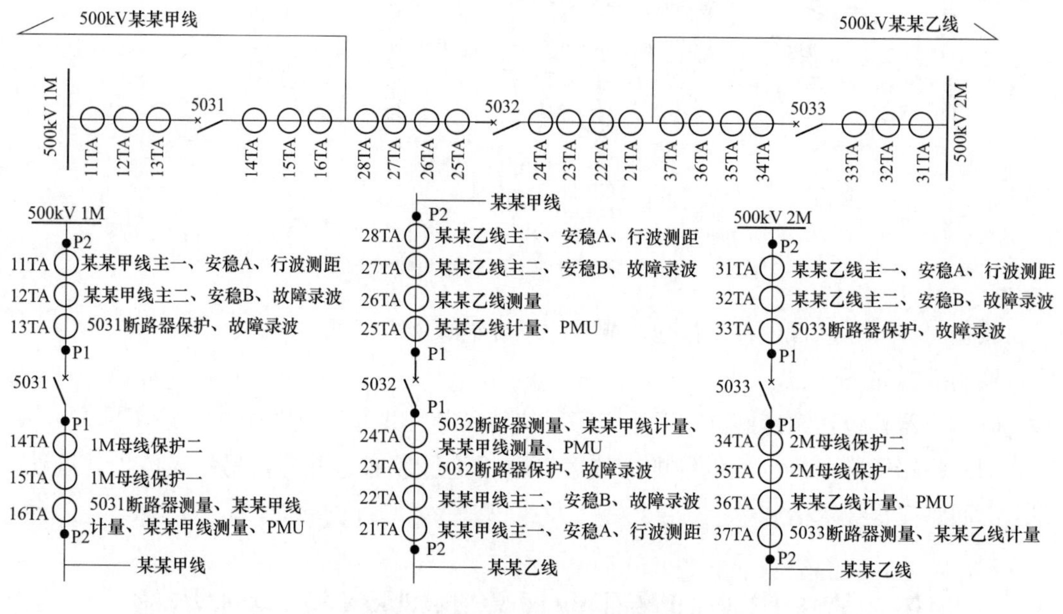

图 3-13　500kV 线路 TA 配置图

2．电流回路拆线风险辨析及控制措施

风险一：电流回路拆除过程中误拆线误碰，导致 TA 二次回路开路，造成人身设备事故；导致安稳或母差保护误动，造成母线甚至全站失压。

控制措施如下：

（1）工作前要先熟悉相关屏内运行设备接线。查阅保护回路图、端子排图和现场接线，对于屏内与其他运行设备相连的电流端子，要首先做好密封，如图 3-14 所示。拆线地点要有明显的标识，将拆线地点的前后运行端子用绝缘胶布封好，只开放拆线地点给施工人员进行拆线。

具体措施单填写见表 3-2。

（2）将需要解开二次回路的端子排号、两侧接线编号一一对应，详细记入二次回路安全技术措施单，见表 3-3。

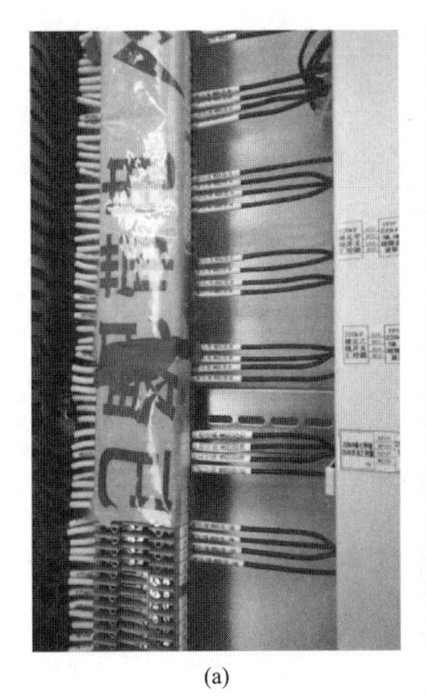

(a)　　　　(b)

图 3-14　现场端子排密封图

(a) 示意图 1；(b) 示意图 2

表 3-2　　具 体 措 施 单

序号	措施
1	在 105P 监控系统 A23 柜 密封除 220kV 某某乙线 2D 端子排以外的所有端子
2	在 111P 220kV 故障录波屏Ⅱ 密封除 1D97-1D104 端子以外的所有电流电压回路端子
3	在 220kV 某某乙线 2531 断路器 GIS 汇控柜 密封电流回路 X8：31 至 X8：49 端子

表 3-3　　二次回路安全技术措施单

序号	措施
1	在 220kV 某某乙线 2531 汇控柜 拆除 10E-W341 电缆至 220kV 线路电能表屏电流回路：TB10：63（A4181）、TB10：60（B4181）、TB10：57（C4181）、TB10：59（N4181）
2	在 5P 220kV 线路电能表屏Ⅱ 拆除 10E-W341 电缆至 220kV 某某乙线 2531 汇控柜电流回路：1ID：9（A4181）、1ID：10（B4181）、1ID：11（C4181）、1ID：12（N4181）

（3）拆线前用钳形电流表测量待拆 TA 二次回路接线，确认无电流，避免因图纸或现场标签错误而盲目按照二次措施单错误拆线，误拆运行设备造成 TA 二次开路。当二次措施单与现场实际不符时，及时进行修正，在确认二次措施单正确的前提下，严格按照措施单顺序进行拆线。

步骤一：在 220kV 线路电能表屏依次测量待拆电流回路 1ID：9（回路号 A4181/10E-W341）、1ID：10（回路号 B4181/10E-W341）、1ID：11（回路号 C4181/10E-W341）、1ID：12（回路号 N4181/10E-W341）无电流，再次确认运行间隔密封措施完好后，打开停电设备电流连接片 1ID：9、1ID：10、1ID：11、1ID：12，如图 3-15 所示。

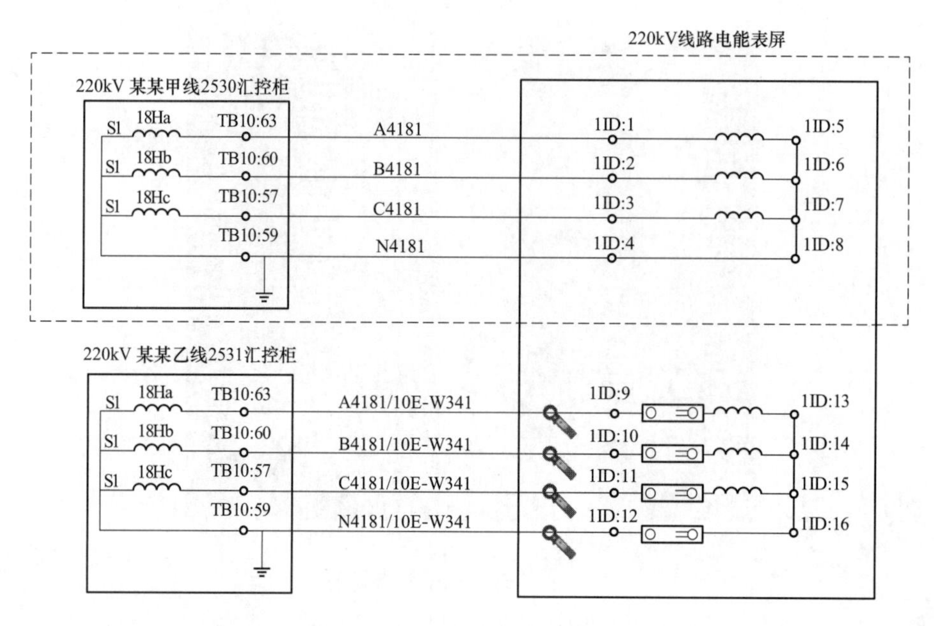

图 3-15 钳形电流表确认无电流后打开电流连接片

步骤二：在220kV某某乙线2531汇控柜和220kV线路电能表屏依次拆除10E-W341电缆两端接线，如图3-16所示。

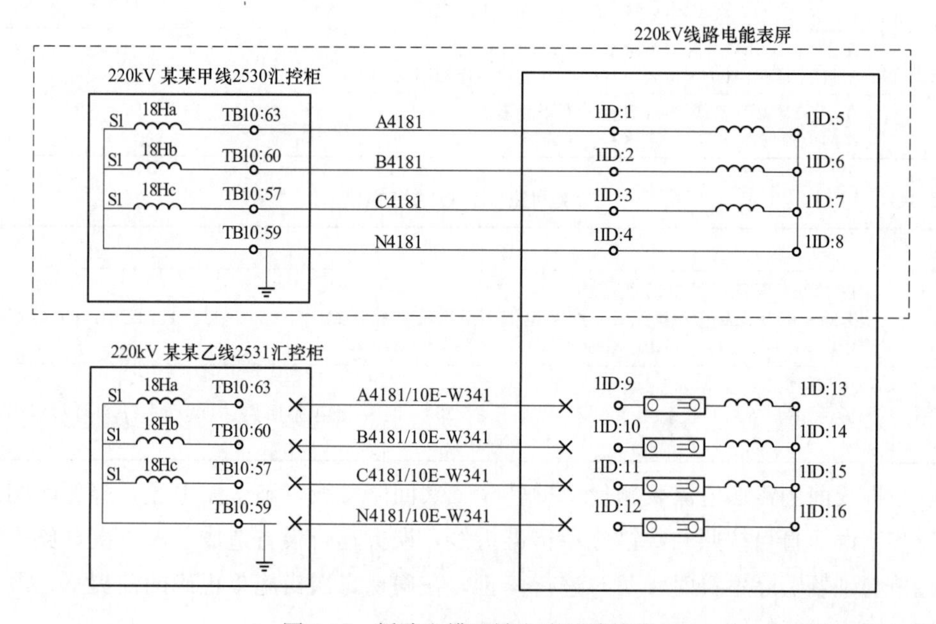

图 3-16 拆除电缆两端电流回路接线

步骤三：在220kV某某乙线2531汇控柜和220kV线路电能表屏依次测量A4181/10E-W341、B4181/10E-W341、C4181/10E-W341、N4181/10E-W341接线对地无电压，如图3-17所示。

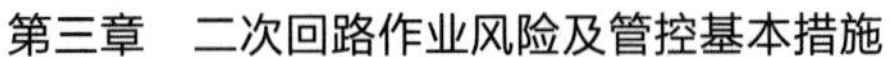

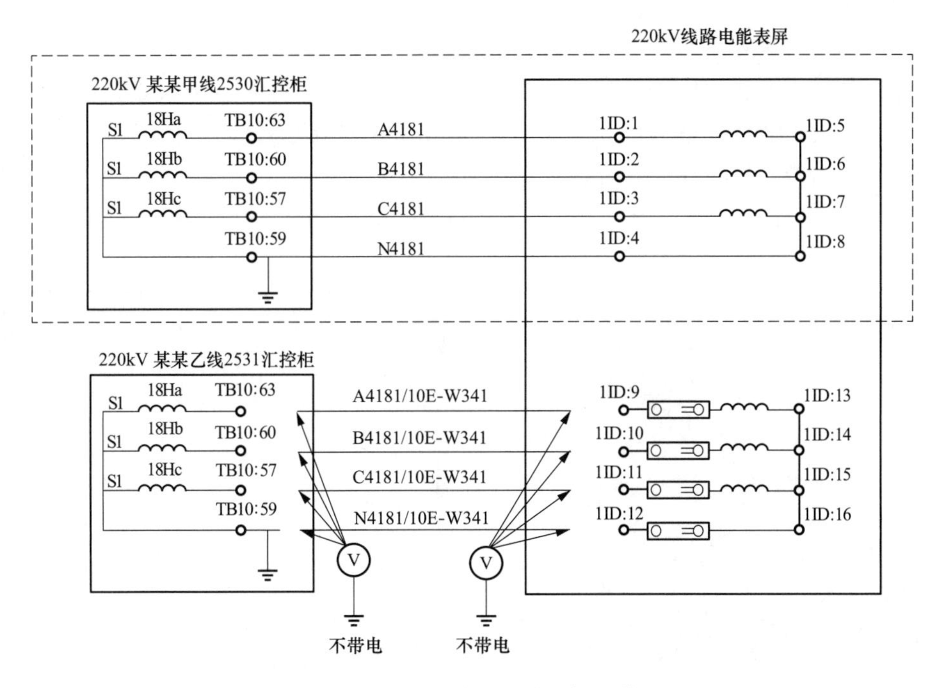

图 3-17　确认拆除的电缆两侧不带电

步骤四：根据回路编号，在电能表屏将线芯逐根接地，在断路器汇控柜逐根测量线芯对地电阻导通，确认拆除电缆正确无误后用绝缘胶布密封，如图 3-18 所示。

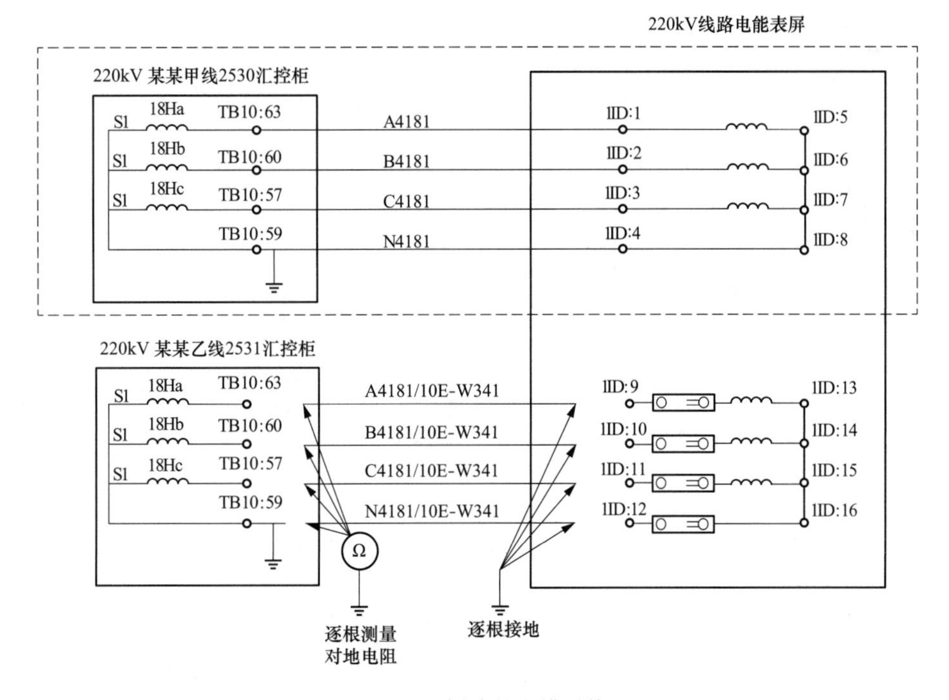

图 3-18　拆除的电缆对线

（4）当进行安稳、录波、母差改造时，由于一次设备运行，需要用短接线可靠对电流回路进行跨接或短接，应确认带电回路的安全可靠运行后，再对待改造设备进行拆线。

情况一：安稳装置改造（以500kV安稳装置原屏改造为例）。

步骤一：测量跨接线导通良好，如图3-19所示。

步骤二：跨接前在装置上查看跨接间隔电流大小并做好记录，如图3-20所示。

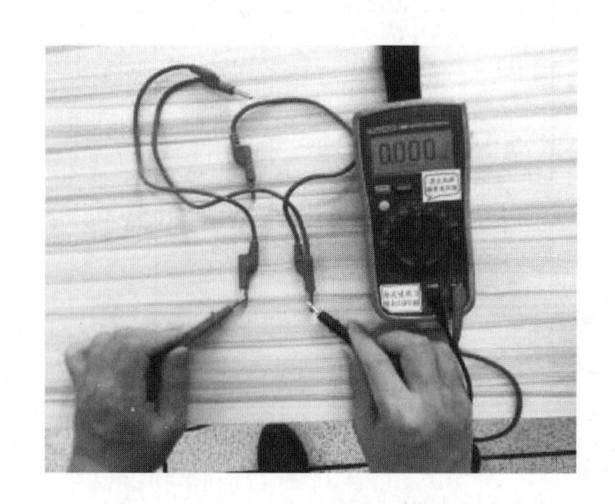

图3-19　测量跨接导线

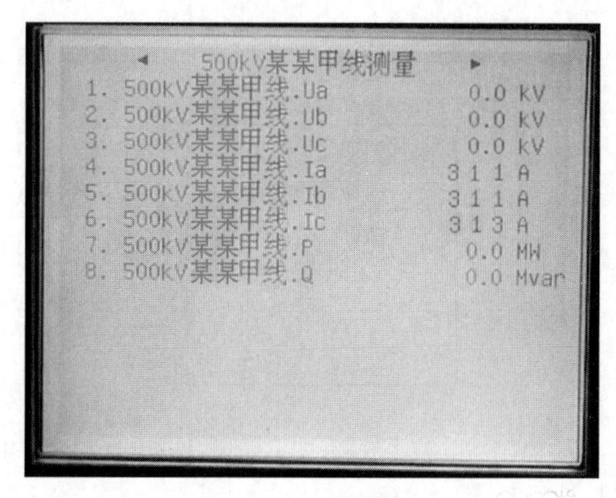

图3-20　跨接前安稳电流（一次值）

步骤三：按照措施单可靠跨接。依次跨接2AD：15（回路号A4112/10E-W312）和2AD：16（回路号A4113/10E-W313），2AD：17（回路号B4112/10E-W312）和2AD：18（回路号B4113/10E-W313），2AD：19（回路号C4112/10E-W312）和2AD：20（回路号C4113/10E-W313），如图3-21所示。

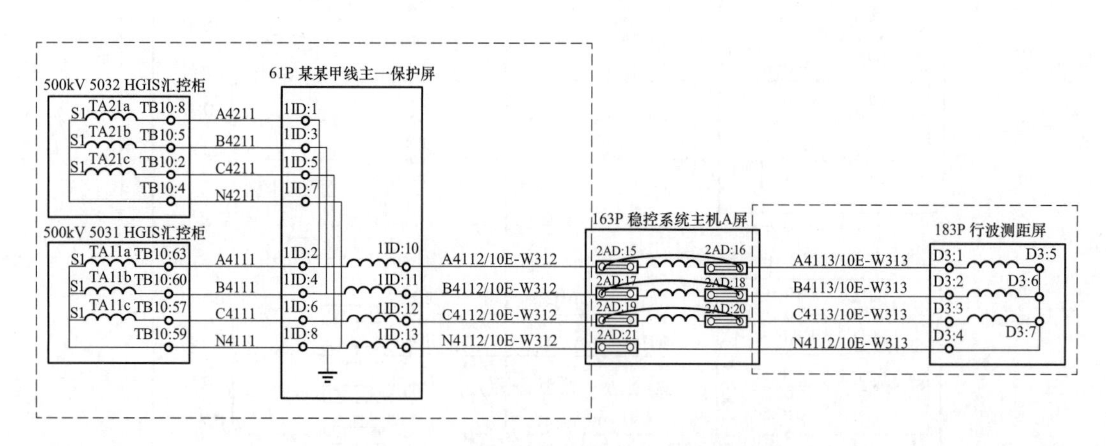

图3-21　可靠跨接安稳装置两侧电流回路

步骤四：可靠跨接后查看装置电流有明显变小，接近0，如图3-22所示。

步骤五：用钳形电流表测量跨接线每相有电流通过，将测量电流与步骤二中的记录电流进行比较，确认跨接良好，如图3-23所示。

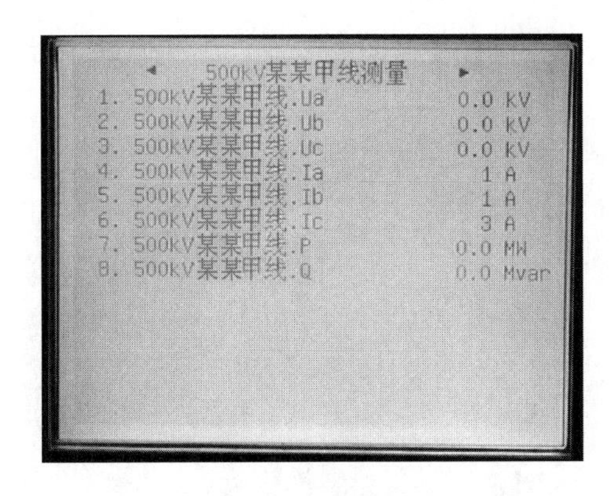

图 3-22　跨接后安稳电流（一次值）

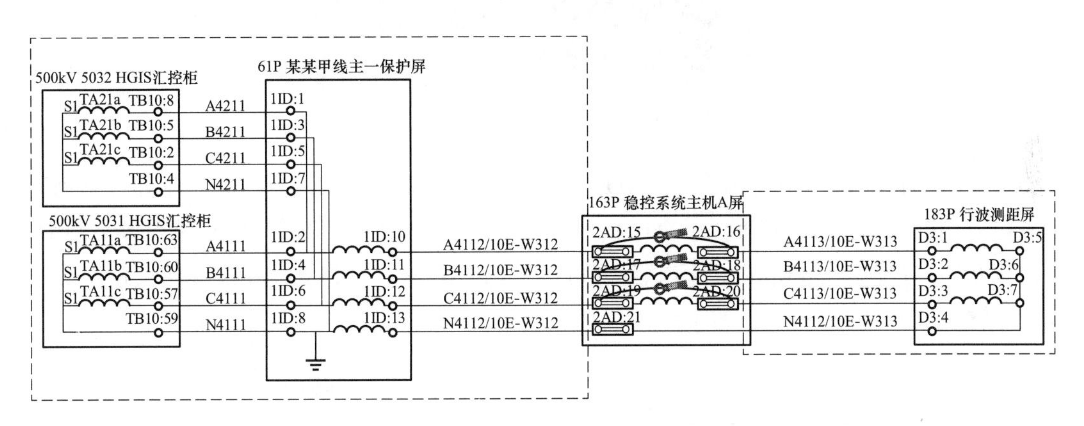

图 3-23　确认电流可靠跨接

步骤六：打开电流连接片 2AD：15、2AD：16、2AD：17、2AD：18、2AD：19、2AD：20 并固定，如图 3-24 所示。

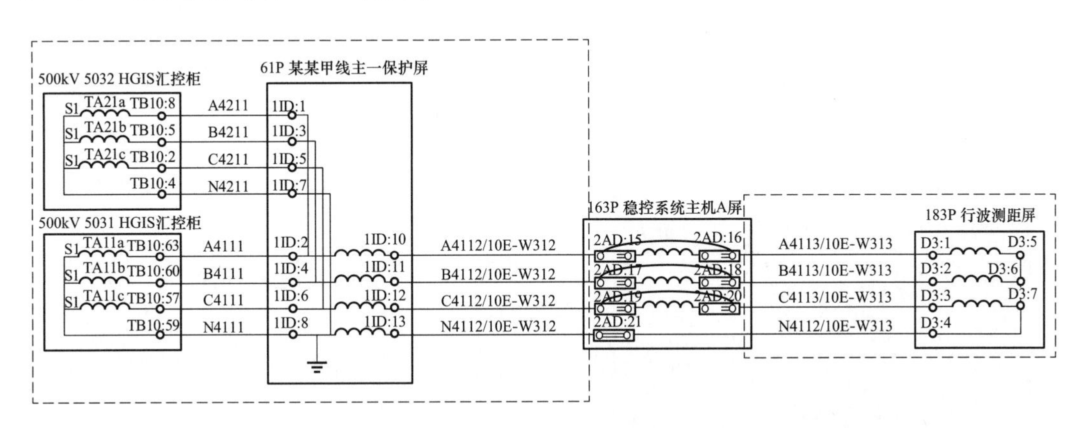

图 3-24　打开电流连接片实现安稳装置与运行设备隔离

情况二：母线、录波装置改造（以母差改造为例）。

步骤一：测量短接线两两导通良好。

步骤二：短接前在装置上查看跨接间隔电流大小并做好记录（见图 3-25）。

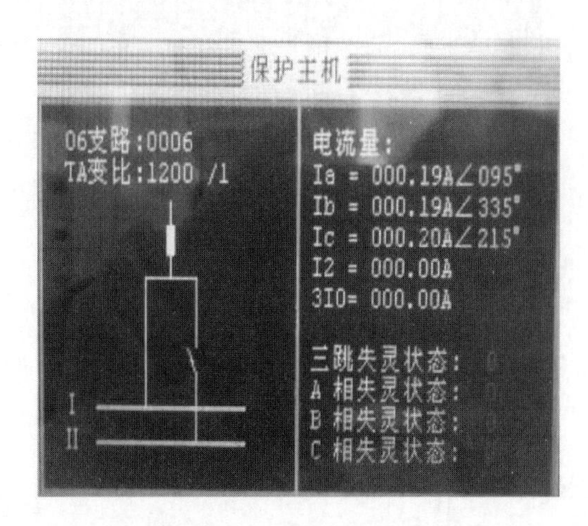

图 3-25　短接前母差电流

步骤三：按照措施单可靠短接 6ID：4（回路号 N4161/10E-W325）、6ID：1（回路号 A4161/10E-W325）、6ID：2（回路号 B4161/10E-W325）、6ID：3（回路号 C4161/10E-W325），如图 3-26 所示。注意短接顺序，先接中性线（N 线），再短接 A、B、C 相线，短接头必须完整插入试验端子。

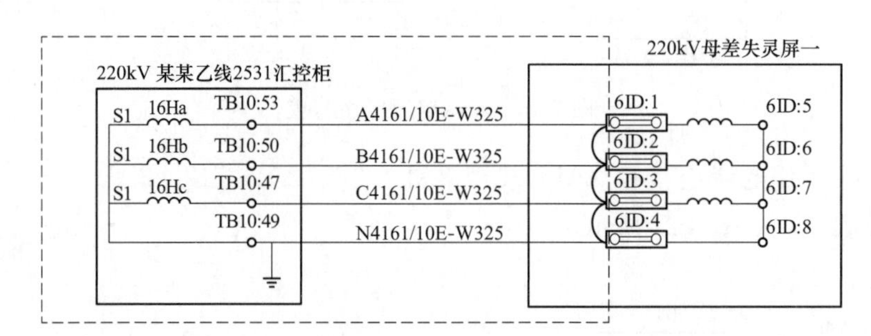

图 3-26　可靠短接母差装置外侧电流回路

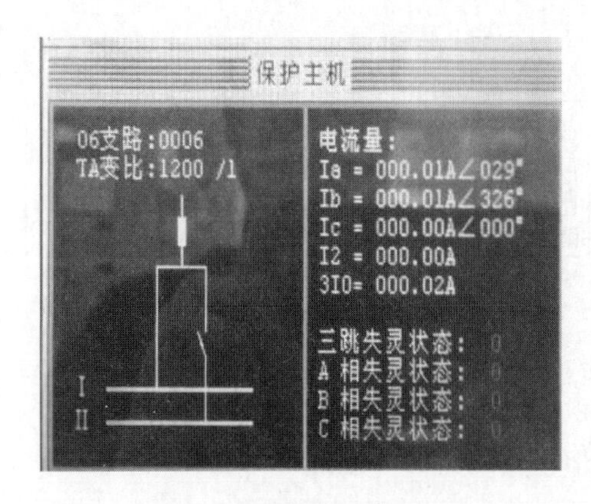

图 3-27　短接后母差电流

步骤四：可靠短接后查看装置电流有明显变小，接近 0，如图 3-27 所示。

步骤五：用钳形电流表测量短接线每相有电流通过，将测量电流与步骤二中的记录电流进行比较，确认跨接良好，如图 3-28 所示。

步骤六：打开电流连接片 6ID：1、6ID：2、6ID：3、6ID：4 并固定，如图 3-29 所示。

风险二：拆除电流回路过程中操作步骤错误，导致差动保护误动，造成负荷损失（此风险针对 500kV 线路中断路器间隔）。

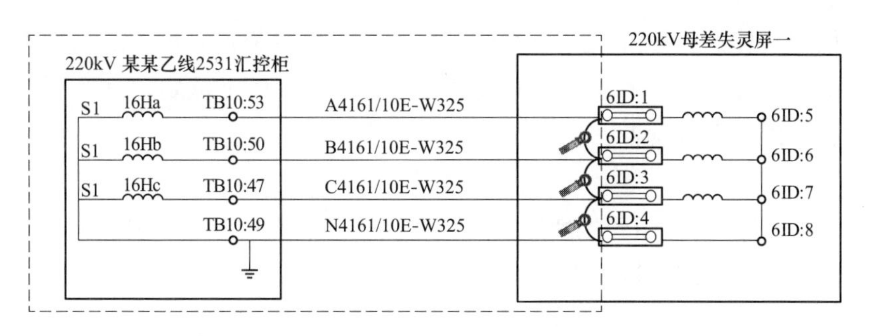

图 3-28　确认电流可靠短接

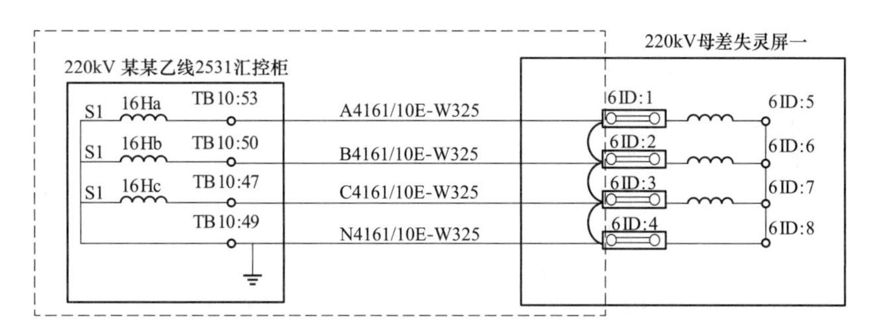

图 3-29　打开电流连接片实现母差装置与运行 TA 隔离

风险分析：220kV 电压等级的停运设备与运行设备隔离的正确方法是在待断开的试验端子非负载侧进行先短后断的操作，如风险一中控制措施（4）所述。但是 500kV 电压等级的电流回路由于存在和电流，如果同样采取“先短后断”的做法，将由于短接线的分流使流入主保护的差流不平衡。现以某某甲线 5031、5032 断路器停运，某某乙线 5033 断路器运行，对 5032 断路器进行 TA 试验为例分析，如图 3-30 所示。

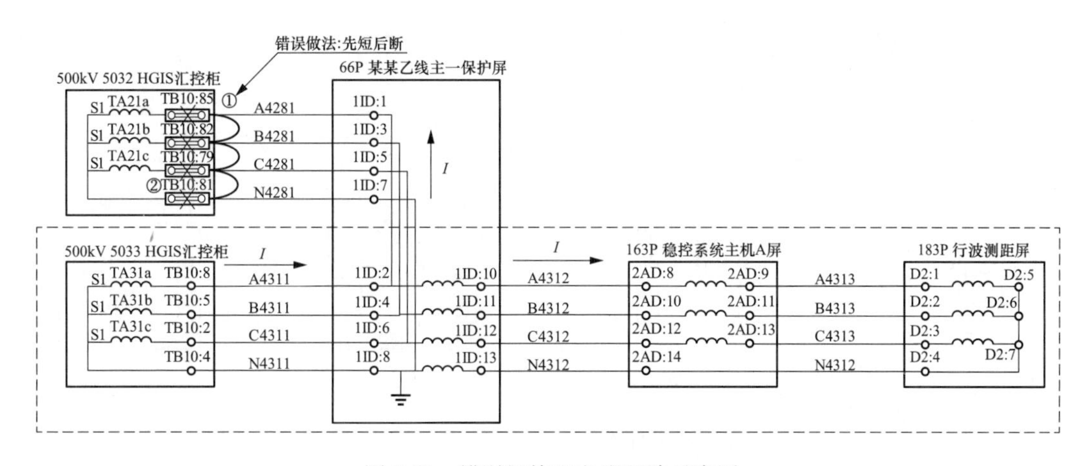

图 3-30　错误短接和电流回路示意图

将停运的 5032 断路器电流回路与运行的某某乙线线路保护装置进行隔离的错误接法如图 3-30 所示。显然地，由于短接线的电阻很小，相当于短接了运行中的 5033 断路器电流回路，引起了较大的分流，流经线路保护装置、稳控装置等设备的二次电流就会减小，对线路保护装置而言，采样的差流就会变大，一旦高于差流定值就会引起两侧线路差动保护动作，误跳运行设备。

控制措施如下：

对5032断路器TA采用“先断后短”的方法进行隔离。首先，确认无电流后断开相应的电流连接片，然后用短接线将电流连接片TA侧的端子进行短接。

步骤一：在停运的5032断路器汇控柜处用钳形电流表测量各TA二次回路外部接线，确认无电流，如图3-31所示。

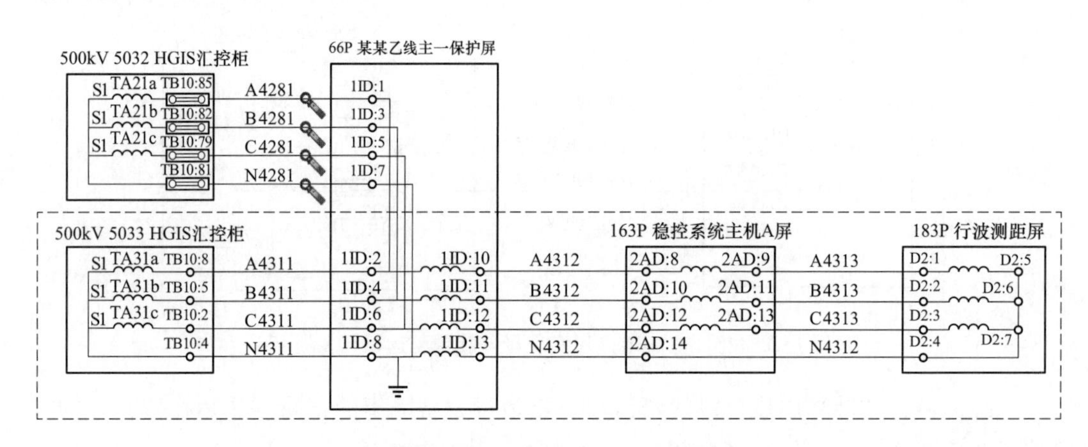

图3-31　确认中断路器TA无电流

步骤二：断开相应的电流连接片TB10：85、TB10：82、TB10：79、TB10：81，如图3-32所示。

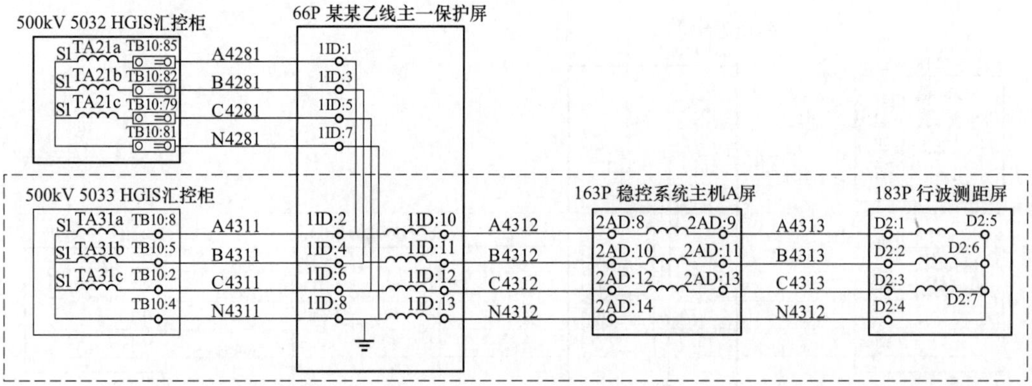

图3-32　断开中断路器TA电流连接片与运行回路隔离

步骤三：用短接线将电流连接片TB10：85、TB10：82、TB10：79、TB10：81 TA侧的端子进行短接，并用绝缘胶布密封非TA侧，如图3-33所示。

风险三：拆除过程中直流接地造成直流系统绝缘能力降低。

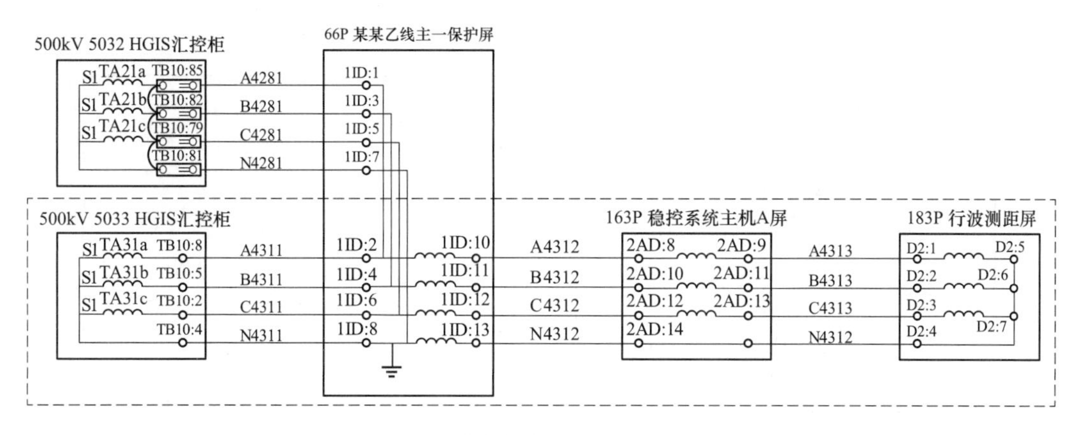

图 3-33　短接中断路器电流连接片 TA 侧

控制措施如下：

（1）工器具包括螺钉旋具、万用表等，使用参考公共部分的要求。

（2）将端子排上接二次电缆的芯线解开并用绝缘胶布包扎好，另一人监护并确认，在二次回路安全技术措施单上签字。

3. 电流回路接线风险辨析及控制措施

风险一：电流回路接线过程中误接线误碰，导致 TA 二次回路开路，造成人身设备事故；导致安稳或母差保护误动，造成母线甚至全站失压。

控制措施如下：

（1）接线地点要有明显的标识，将接线地点的前后运行端子用绝缘胶布封好，只空出接线地点给施工人员进行接线，并将需要接入二次电流回路的端子排号、两侧接线编号一一对应，详细记入二次回路安全技术措施单。参考电流回路拆线风险一的控制措施（1）和（2）。

（2）接线前对待接电缆两端进行对线确认，避免因盲目相信标签或线套而错误接线，造成人身设备事故。当二次措施单与现场实际不符时，及时进行修正，在确认二次措施单正确的前提下，严格按照措施单顺序进行接线。

步骤一：在 220kV 某某乙线 2531 汇控柜和 220kV 线路电能表屏依次测量 A4181/10E-W341、B4181/10E-W341、C4181/10E-W341、N4181/10E-W341 接线对地无电压，参考图 3-17。

步骤二：根据回路编号，在电能表屏将线芯逐根接地，在断路器汇控柜逐根测量线芯对地电阻导通，确认拆除电缆正确无误后，电缆两端按照措施单顺序进行接线，参考图 3-18。

步骤三：电流回路接线完成后，在电能表屏恢复电流连接片 1ID：12，在恢复电流连接片 1ID：9、1ID：10、1ID：11 前，用万用表电阻挡测量连接片两端电阻，A、B、C 三相电流回路基本一致且不能开路，确保整个电流回路接线牢固，如图 3-34 所示。

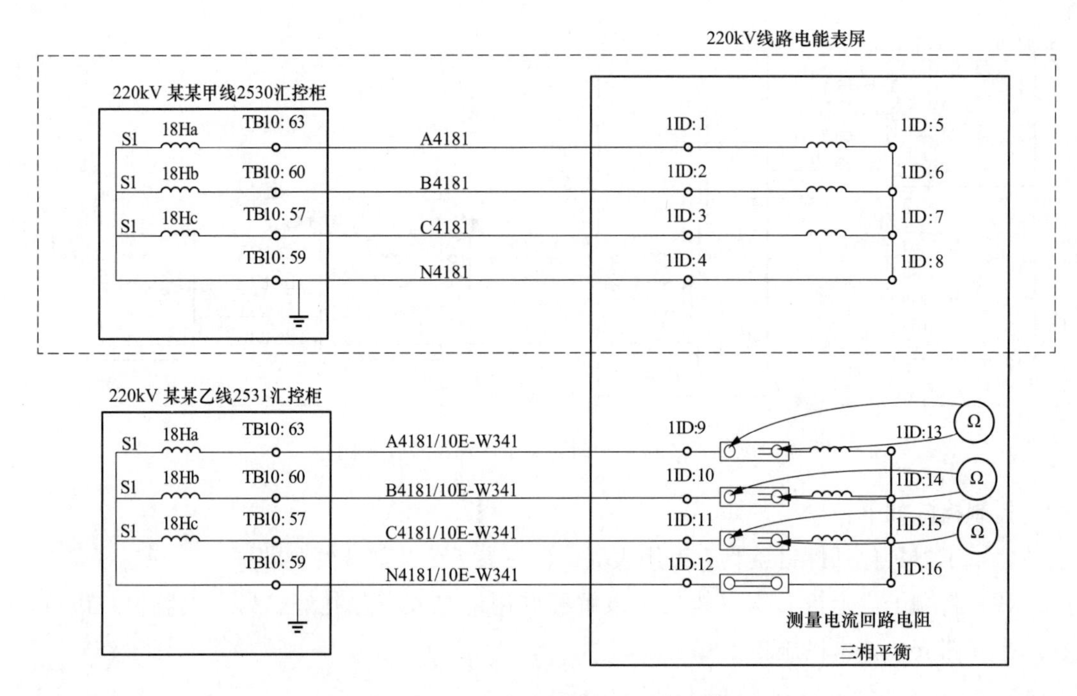

图 3-34　测量电流回路电阻三相平衡

步骤四：恢复电流连接片1ID：9、1ID：10、1ID：11，用万用表电阻挡测量连接片两端电阻，电阻均为0，确保电流连接片可靠连接，如图3-35所示。

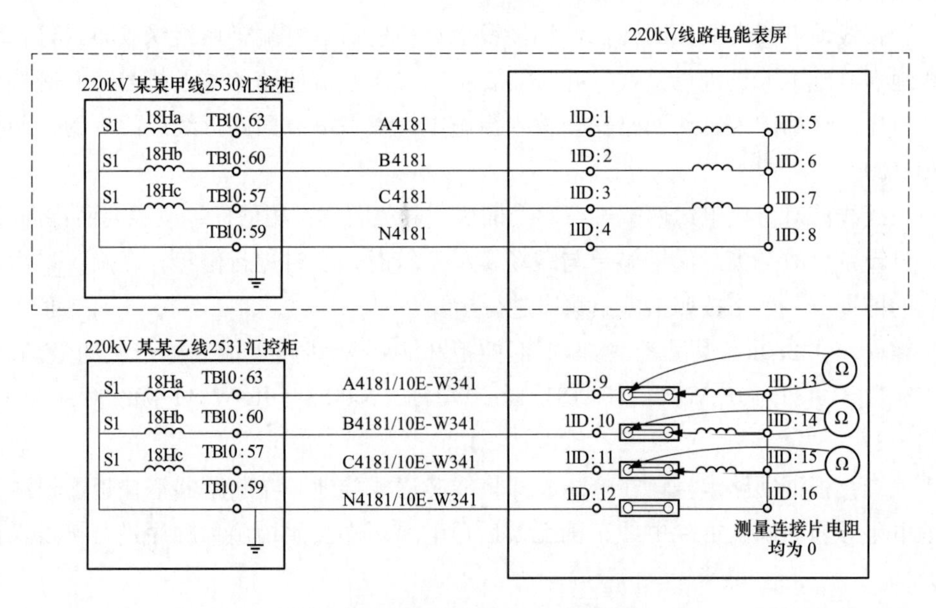

图 3-35　确认电流连接片可靠恢复

（3）当安稳、录波、母差改造完成需要恢复电流回路时，由于一次设备运行，需要首先恢复电流连接片，确认电流连接片可靠连接后，再拆除电流回路的跨接线或短接线。

情况一：安稳装置改造。

步骤一：按照措施单恢复电流连接片 2AD：15、2AD：16、2AD：17、2AD：18、2AD：19、2AD：20，用万用表电阻挡依次测量连接片两端电阻，电阻均为 0，确保电流连接片可靠连接，如图 3-36 所示。

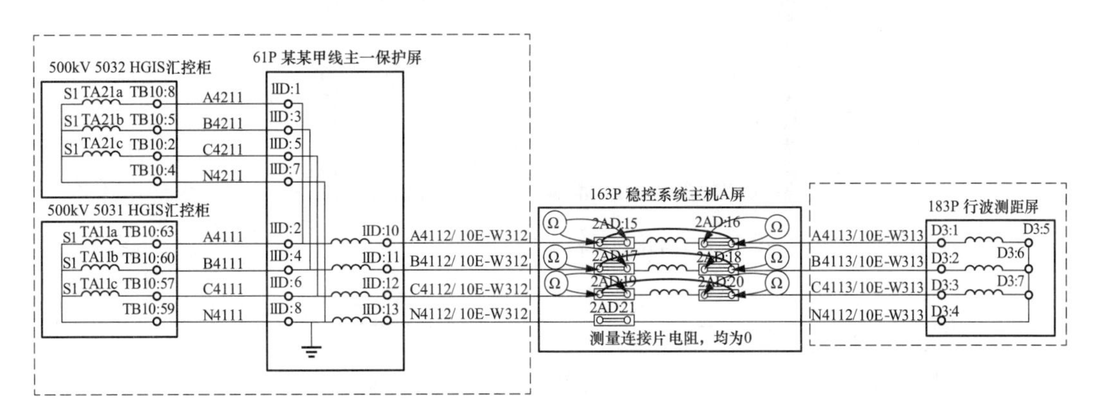

图 3-36　确认稳控装置电流连接片可靠恢复

步骤二：按照措施单拆除 2AD：15 和 2AD：16、2AD：17 和 2AD：18、2AD：19 和 2AD：20 之间的跨接线，如图 3-37 所示。注意拆除时动作要慢，如遇到异响或放电现象，则立刻恢复跨接线。

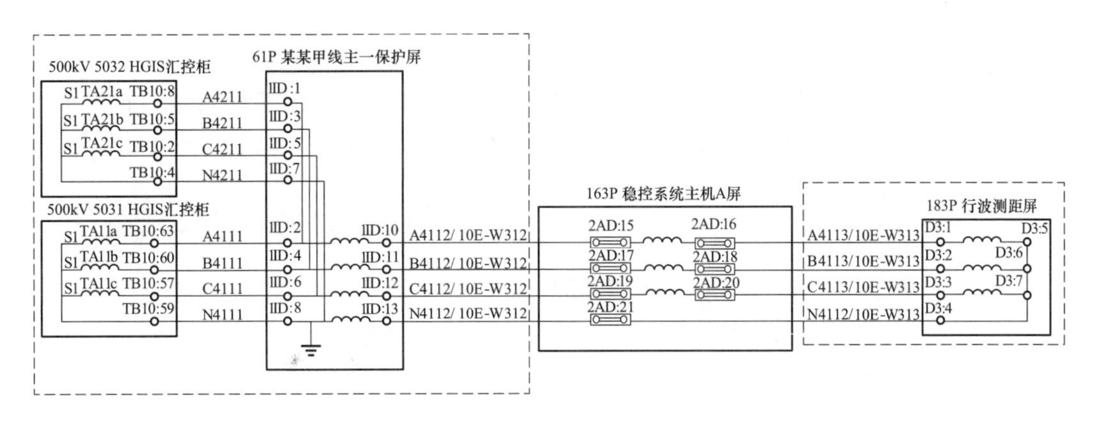

图 3-37　拆除稳控装置电流跨接线

步骤三：在装置上查看相应间隔电流大小，如图 3-38 所示。间隔电流采样三相平衡，无异常。

情况二：母线、录波装置改造（以图 3-39 中所示的母差改造为例）。

步骤一：按照措施单恢复电流连接片 6ID：1、6ID：2、6ID：3、6ID：4，用万用表电阻挡依次测量连接片两端电阻，电阻均为 0，确保电流连接片可靠连接，如图 3-39 所示。

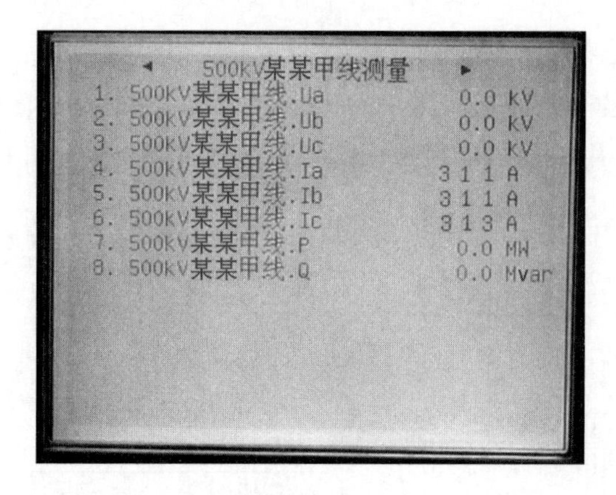

图 3-38　跨接线拆除后安稳电流（一次值）

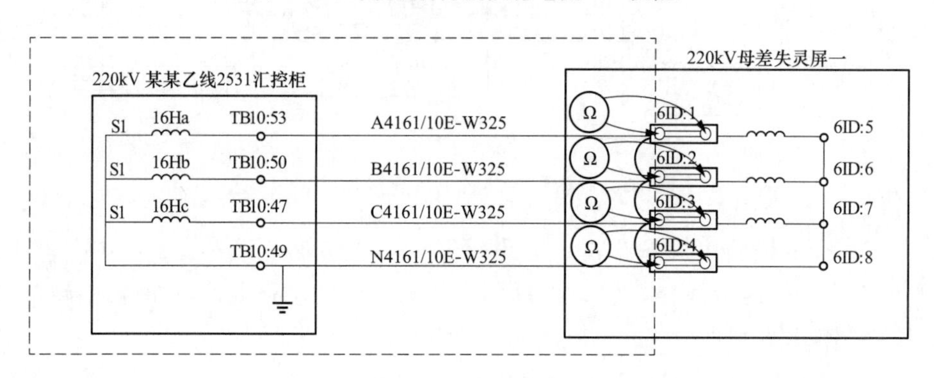

图 3-39　确认母差电流连接片可靠恢复

步骤二：按照措施单拆除 6ID：1、6ID：2、6ID：3、6ID：4 之间的短接线，如图 3-40 所示。注意拆除时动作要慢，如遇到异响或放电现象，则立刻恢复跨接线。

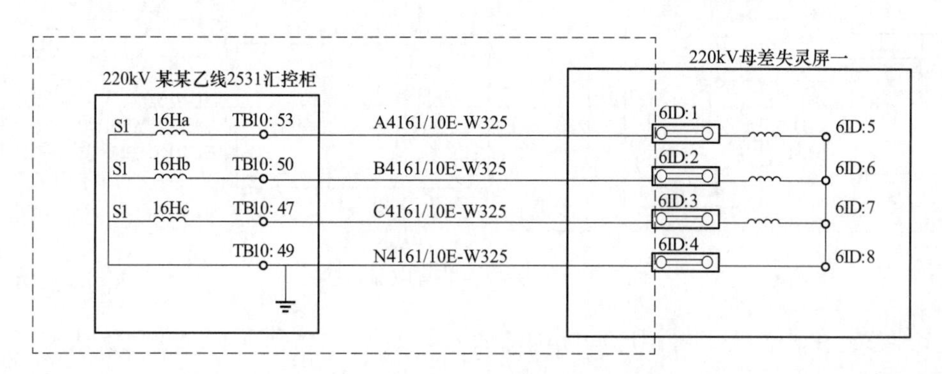

图 3-40　拆除母差装置电流短接线

步骤三：在装置上查看相应间隔电流大小，如图 3-41 所示。间隔电流采样三相平衡，无异常。

风险二：恢复电流回路过程中操作步骤错误，导致差动保护误动，造成负荷损失（此风险针对 500kV 线路中断路器间隔）。

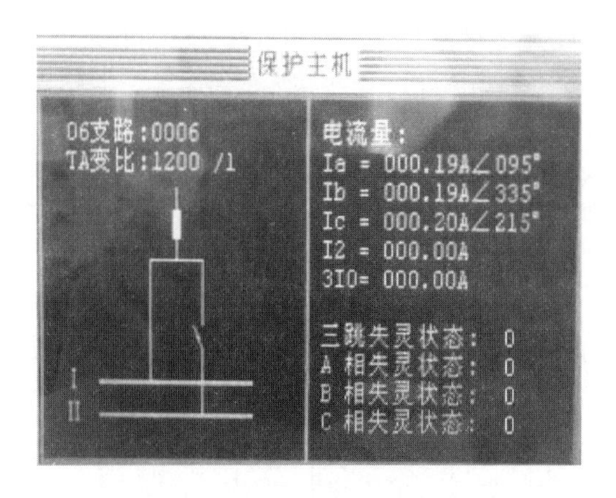

图 3-41　短接线拆除后母差相应间隔电流

风险分析：参考电流回路拆线风险二的风险分析。一次设备仍以某某甲线 5031、5032 断路器停运，某某乙线 5033 断路器运行为例，如图 3-42 所示。中断路器 5032TA 恢复顺序，如果先恢复电流连接片 TB10：81、TB10：79、TB10：82、TB10：85，再拆除 TB10：81、TB10：79、TB10：82、TB10：85TA 侧的短接线，在恢复电流连接片后，将由于短接线的分流使流入主保护的差流不平衡，导致运行的某某乙线主保护误动跳开 5033 断路器。

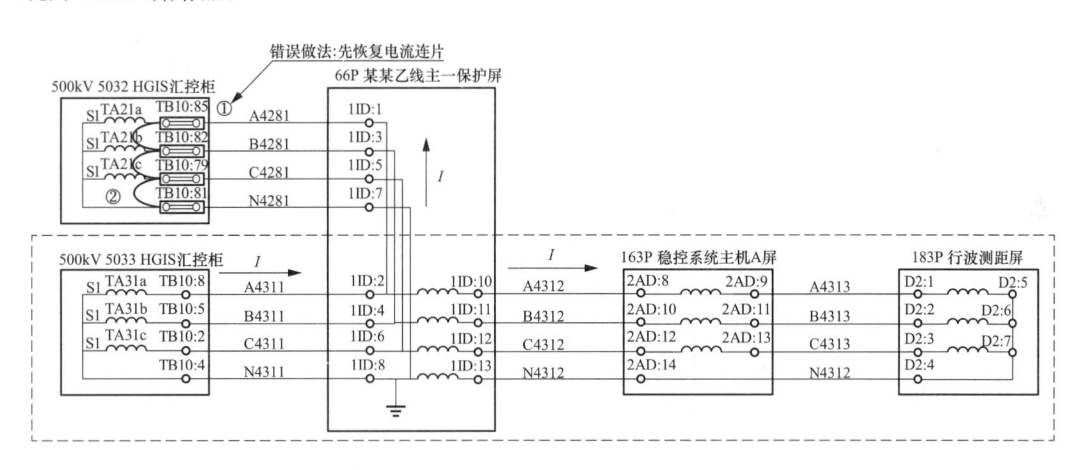

图 3-42　和电流回路错误恢复步骤示意图

控制措施如下：

对 5032 断路器 TA 采用“先拆短接线后复连接片”的顺序进行恢复。首先，拆除 5032 断路器相应的电流连接片 TA 侧的短接线，再恢复相应的电流连接片。

步骤一：按照措施单拆除电流连接片 TB10：81、TB10：79、TB10：82、TB10：85TA 侧的短接线，拆除后示意图如图 3-42 所示。

步骤二：按照措施单恢复电流连接片 TB10：81、TB10：79、TB10：82、TB10：85，用万用表电阻挡依次测量连接片两端电阻，电阻均为 0，确保电流连接片可靠连接，如图 3-43 所示。

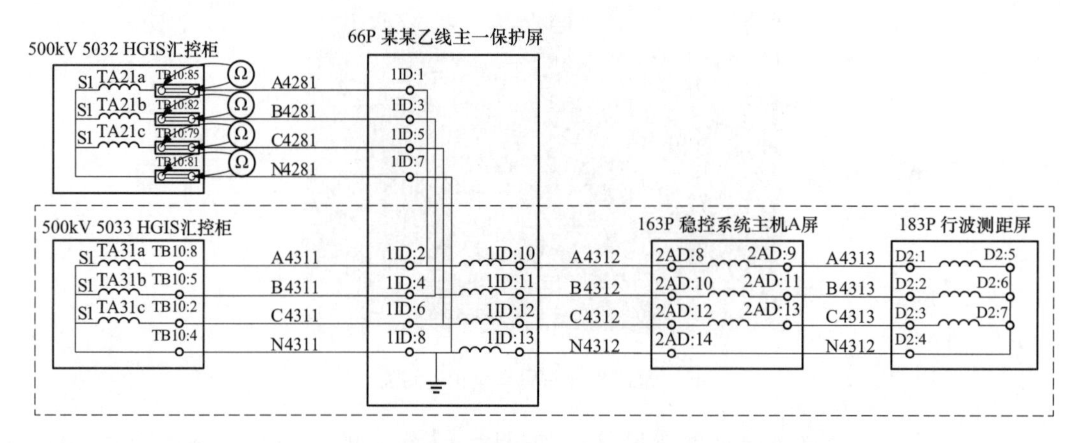

图 3-43 确认中断路器 TA 电流连接片可靠恢复

步骤三：在 5032 断路器汇控柜处用钳形电流表测量各 TA 二次回路外部接线确认无电流，确保某某乙线主保护电流无分流，操作方法如图 3-43 所示。

风险三：电流回路接线过程中直流接地造成直流系统绝缘能力降低。

控制措施如下：

（1）工器具包括螺钉旋具、万用表等，使用参考公共部分的要求。

（2）将端子排上接二次电缆的芯线解开并用绝缘胶布包扎好，另一人监护并确认，在二次回路安全技术措施单上签字。

第三节 电压回路作业风险类别及管控基本措施

1. 母线 TV 二次电压回路示意图

在 220kV 及以下电压等级的系统中，保护用电压一般采用母线三相独立式 TV，而线路侧一般配置单相电容式电压互感器（如 TYD）用作保护及测控的同期电压。其中，母线 TV 二次电压回路示意图如图 3-44 所示。

如图 3-44 所示，每段 220kV 母线电压在场地端子箱依次经分相独立空气开关、母线隔离开关辅助触点后引至继电保护室内的 220kV TV 并列屏，各线路、主变压器及母线保护测控装置、故障录波装置等均从并列屏取用母线 TV 二次电压。其中，线路、主变压器保护屏设有专门的电压切换操作箱，经实际所挂母线隔离开关位置重动，将相应母线电压经切换后加入保护装置，测控装置、安自装置选用切换后的电压作为其电压采样值。电压切换操作箱隔离开关开入回路如图 3-45 所示。由图 3-45 可知，在一次设备处于冷备用或检修时，由于线路或主变压器母线侧的隔离开关均在拉开位置，隔离开关双位置重动继电器 K1、K7 均被复位，图 3-46 中的辅助触点 K1、K7 均处于断开状态，即保护屏切换前端子（7UD1-3、7UD5-7）始终带电，而切换后端子（7UD9、7UD12、

7UD15）及相关二次回路（保护、测控、安自装置）均不带电。而本章中重点讨论的风险及管控措施就是保护装置切换前的二次电压回路的拆除与接入。

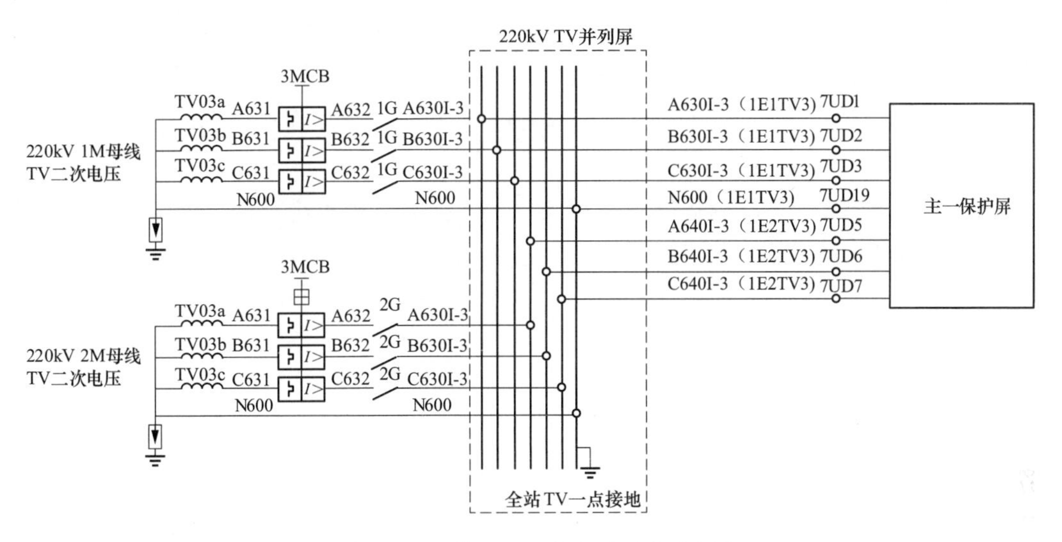

图 3-44　母线 TV 二次电压回路示意图

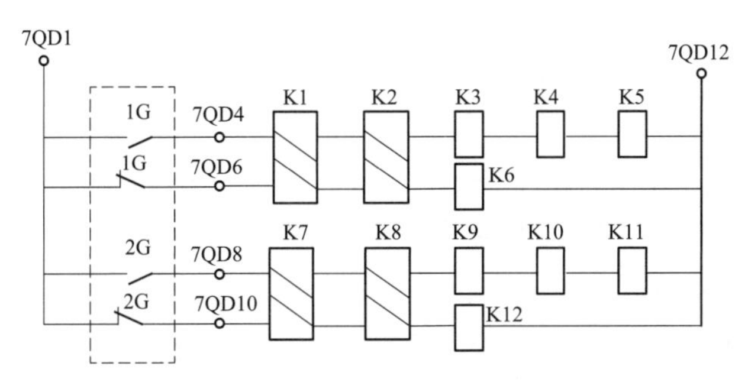

图 3-45　电压切换操作箱隔离开关开入回路

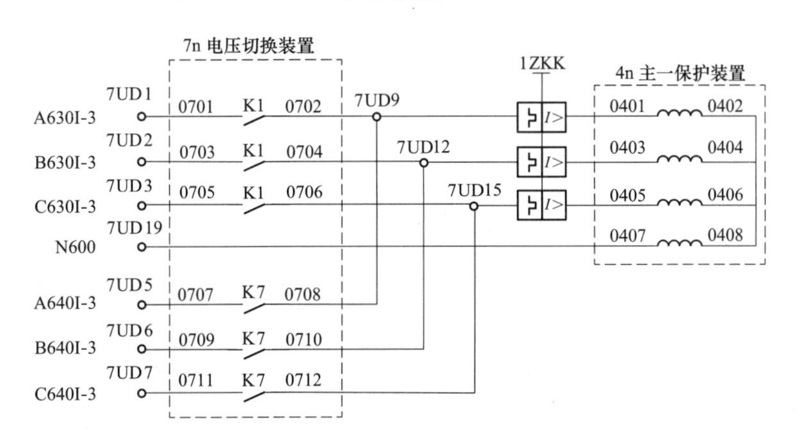

图 3-46　保护装置内电压切换回路

2. 电压回路拆线风险辨析及控制措施

风险一：拆除带电二次电压回路时错用万用表或误碰金属屏柜造成接地，导致母线TV端子箱内的二次电压总空气开关越级跳闸，其他运行的母线、主变压器、线路等保护装置在交流电压异常时容易误动。母差保护装置电压异常开放，主变压器保护装置复压闭锁异常开放，线路保护装置在TV断线时过电流保护、距离保护误动。

控制措施如下：

（1）工作前要先熟悉屏内运行设备相关接线。查阅保护回路图、端子排图和现场接线，将需要解开二次回路的端子排号、两侧接线编号一一对应，详细记入二次回路安全技术措施单。

具体措施单填写见表3-4。

表3-4　具体措施单

序号	措施
1	在20P 220kV TV并列屏一操作 拆除1E1TV3电缆至136P 220kV某某线主一保护屏二次电压回路：U1D1（A630I-3）、U1D11（B630I-3）、U1D21（C630I-3）、U1D31（N600），并用绝缘胶布做好包扎
2	在136P 220kV某某线主一保护屏操作 拆除1E1TV3电缆至20P 220kV TV并列屏一回路：7UD1（A630I-3）、7UD2（B630I-3）、7UD3（C630I-3）、7UD19（N600），并用绝缘胶布做好包扎

（2）拆线地点要有明显的标识，将拆线地点的前后运行端子用绝缘胶布封好，只空出拆线地点给施工人员拆线。

（3）严格按照措施单顺序，先拆除电源侧，再拆除负荷侧；两侧拆除完后测量对地无电压后进行对线。

步骤一：一直测量着线路保护屏切换前电压端子7UD1（回路号A630I-3/1E1TV3），电压约60V，拆除并列屏U1D1端子（回路号A630I-3/1E1TV3）接线，拆除后线路保护屏7UD1端子不带电，如图3-47所示。

步骤二：按照步骤一的方法逐根拆除TV并列屏U1D11（回路号B630I-3/1E1TV3）、U1D21（回路号C630I-3/1E1TV3）、U1D31（回路号N600/1E1TV3）、U2D1（回路号A640I-3/1E2TV3）、U2D11（回路号B640I-3/1E2TV3）、U2D21（回路号C640I-3/1E2TV3）端子的所有电缆接线，如图3-48所示。

风险二：误拆运行的二次电压回路中性线N600，致使其他运行的保护装置电压采样存在“零漂”，电压幅值和相位偏移，装置电压采样不正确，距离保护、零序保护等存在误动风险。此外，误拆运行设备二次电压回路接地点会导致一次高压窜入二次回路，存在人身风险。

如果互感器二次回路有了接地点，则二次回路对地电容将为零，从而保证安全。

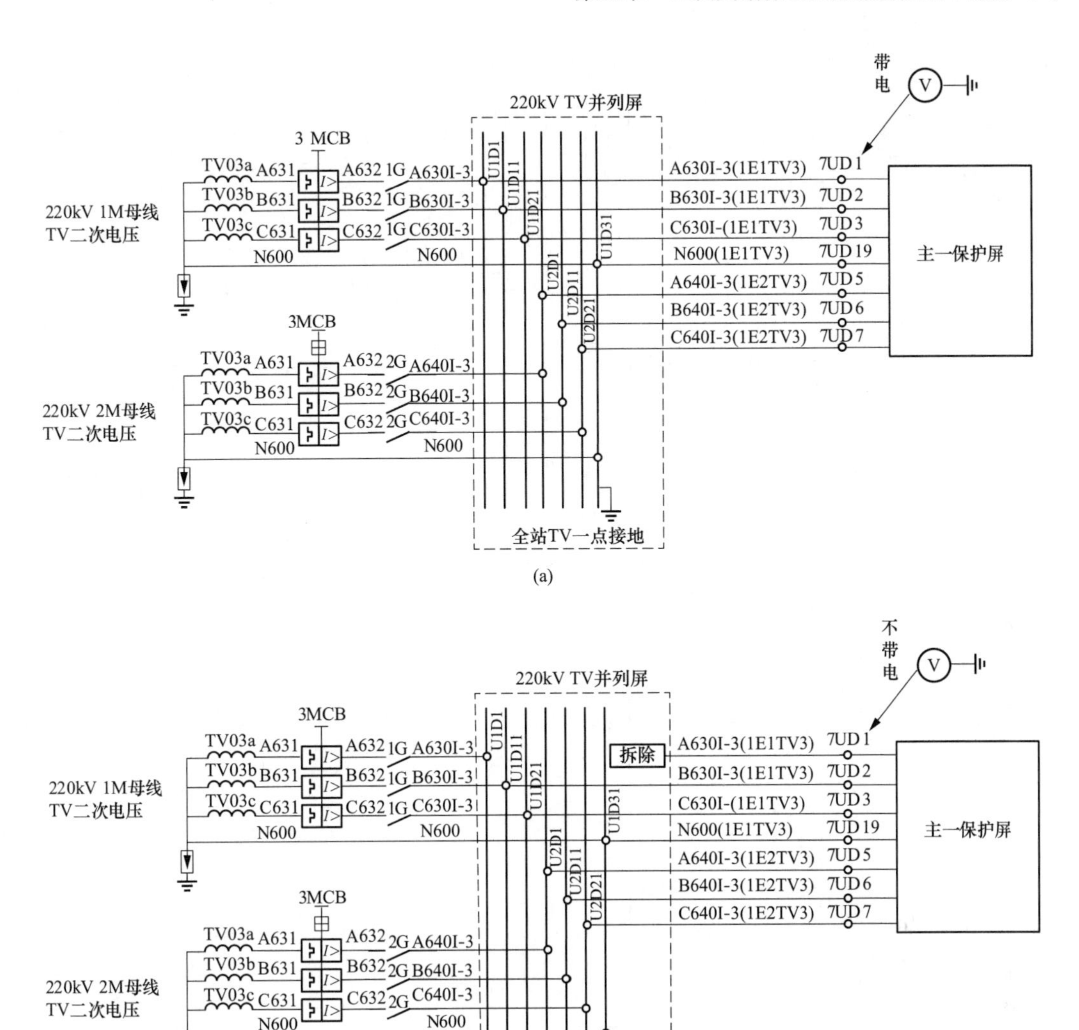

图 3-47　电压回路接线拆除示意图一

（a）7UD1 带电；（b）7UD1 不带电

同时也应尽可能避免在拆接线的过程中造成 TV 二次回路的多点接地，如图 3-49 所示为 TV 二次回路 N600 存在多点接地示意图。正常运行时，两接地点间的电阻不大，电位差也不大，故不会对运行设备产生影响。但当大电网系统发生接地故障时，有较大的一次电流流经整个地网，就会在图 3-49 中 U_o 和 U_o' 间产生较大的压差，造成 TV 二次回路一点接地处 U_o 的电压抬升以及相位的偏移，同样地就会影响所有运行 TV 的二次中性点 N 电位的抬升和相位的偏移，装置采样的不正确可能引起线路保护装置的零序保护和距离保护误动。

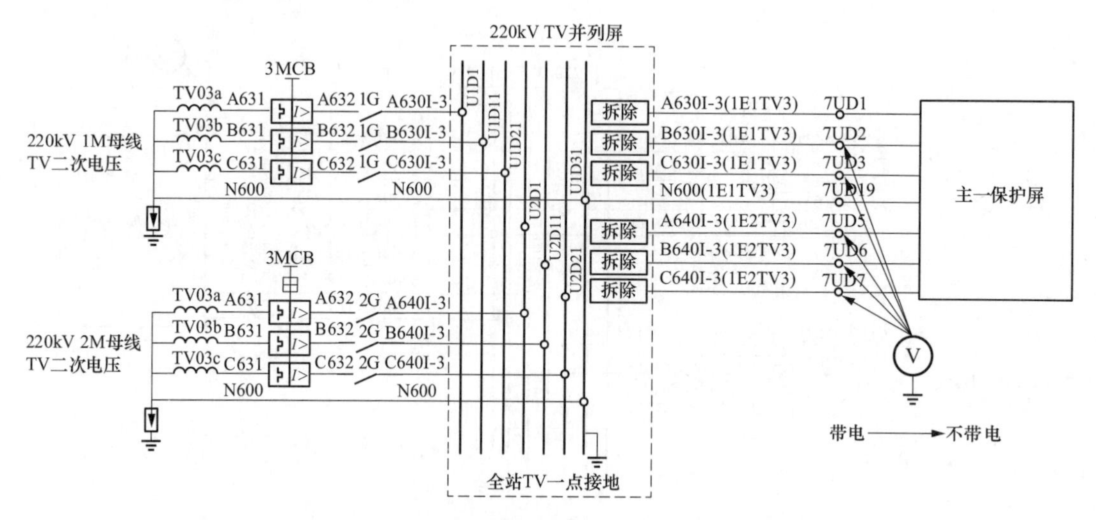

图 3-48　电压回路接线拆除示意图二

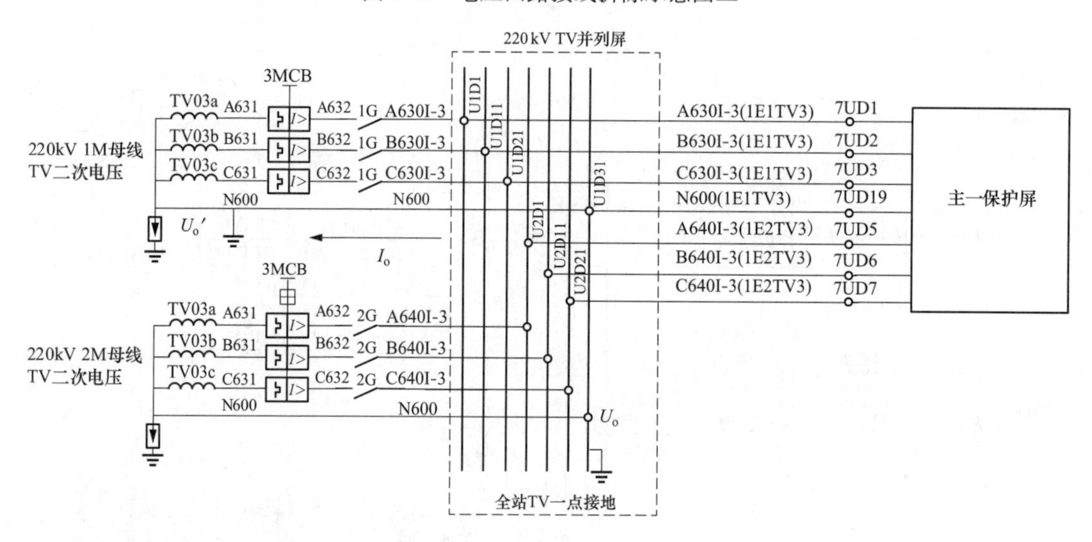

图 3-49　TV 二次回路 N600 存在多点接地风险示意图

图 3-50　现场 N600 回路端子排接线示意图

在旧站改造时，已有的 TV 接口屏内 N600 二次接线数量较多，如图 3-50 所示，现场二次电压回路电缆两端都没有注明电缆编号，且在线路 TV 接口屏处并接了各个二次绕组从场地上来的中性线以及到各保护、测控、安稳、录波等装置的中性线，难以区分。在旧有接线线套无电缆编号或者没有电缆牌的情况下，特别容易误拆运行中的二次电压回路 N 线。

以所有挂 1M 母线的间隔为例，将 1M 母线 TV 二次电压回路简化，如图 3-51 所示。

假设全站二次电压一点接地点在 220kV TV 并列屏内，根据关于防止变电站保护用电压互感器二次回路多点接地相

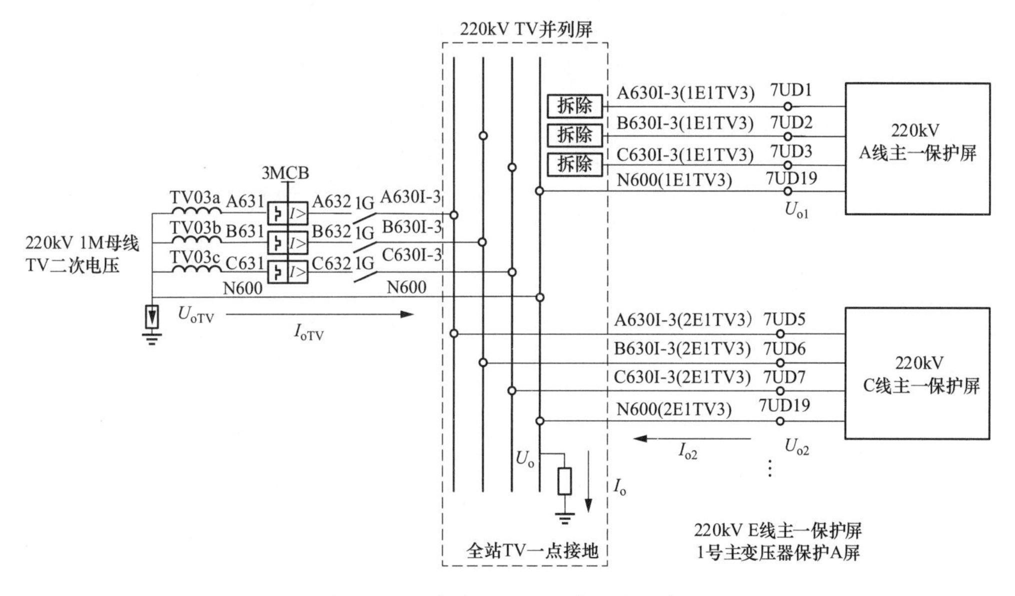

图 3-51　运行中 N600 回路电流示意图

关技术要求，二次地网的电阻应不大于 0.5Ω，正常运行时，全站 N600 一点接地点流过不大于 50mA 的泄漏电流，因此实际上 N600 对地电压不为 0，U_o 为数值不大的对地电压。运行的二次电压回路由于三相变比、设备参数、运行工况并不完全相同，会在其中性线上同样产生一个不平衡电压 U_{oi}、U_{oTV}。所以，所有运行的二次电压回路中性线上由于两端存在压差而产生较小的运行电流。而对于待退运的二次设备，带电的三相电压二次线均已拆除的情况下，在 220kV TV 并列屏处用钳形电流表交流挡位逐一测量所有中性线电流（见图 3-52），一旦发现有约 10mA 大小的电流，即认为该 N600 属于运行 TV 的二次回路，应适当标记予以区分和隔离。若测量没有电流，则有可能是待退运的 N600 接线。

图 3-52　使用钳形电流表测量 N600 回路电流

步骤一：在 220kV TV 并列屏处用钳形电流表逐一测量所有中性线的交流电流大小，重点检查测量电流较小或者无电流的二次接线。使用钳形电流表测量 N600 回路电流原理图如图 3-53 所示。

步骤二：在线路保护屏测量端子 7UD19（回路号 N600/1E1TV3）对地无交流电压后，将万用表挡位切换至电阻挡或者蜂鸣挡，一直测量端子对地通断情况，在并列屏逐一拆除步骤一中所有可能的 N600 接线，一旦拆除对应的 N600，则线路保护屏侧对地不通，如图 3-54 所示。

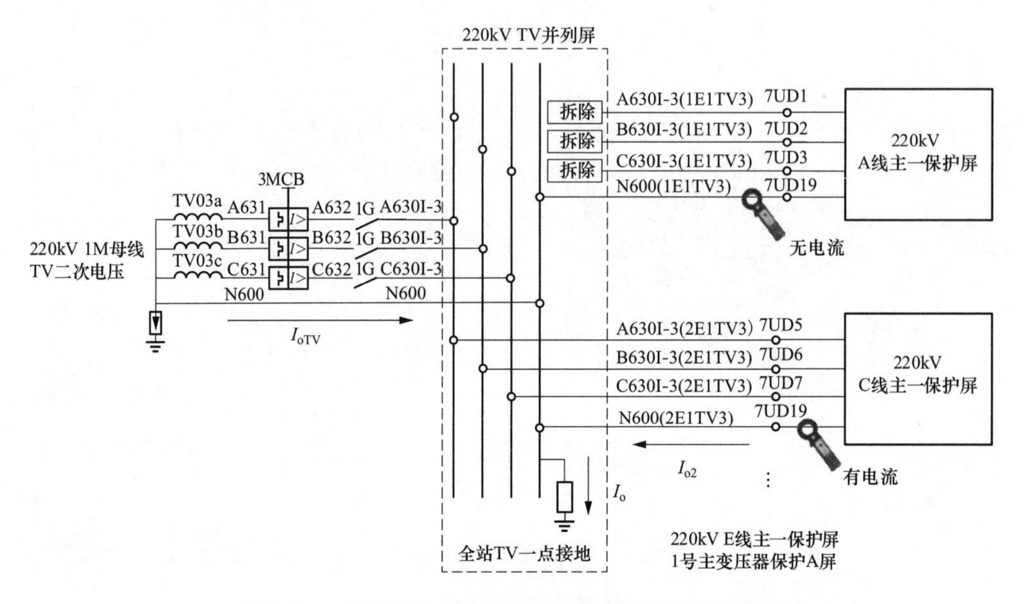

图 3-53　使用钳形电流表测量 N600 回路电流原理图

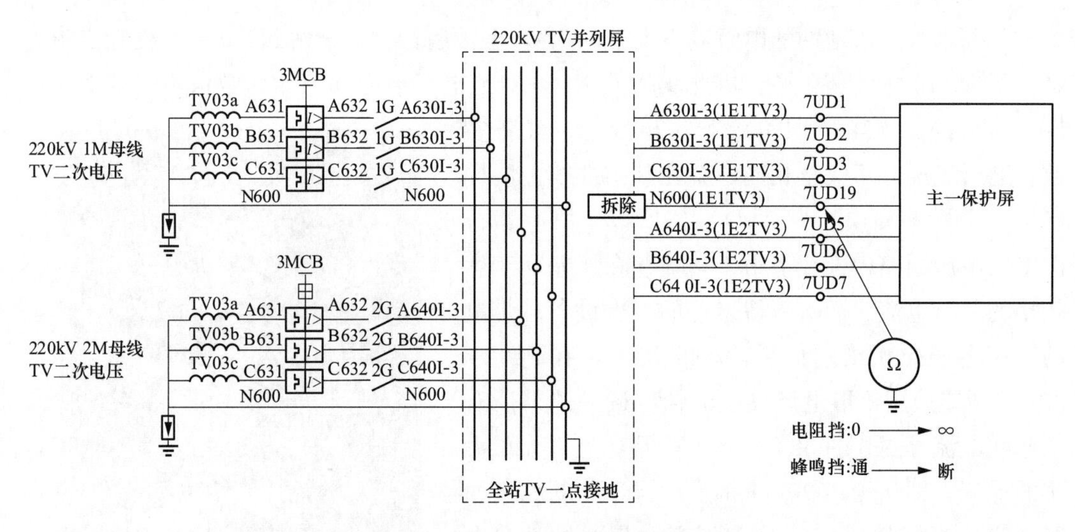

图 3-54　退运 N600 电缆检测示意图

若步骤一中待排除的对象较多或者电流测量不明显，则应采用抽电缆的方式进行。首先对风险一步骤二已拆除的二次电缆 1E1TV3 的三相电压二次接线进行对线，然后顺着同一组三相电压导线的走向去抽电缆，找到该回路所属电缆后，基本可确定该电缆的第四根芯就是对应电压回路的 N600，再顺着 N 线的走向就能找到所接的端子处。

步骤三：对已拆除的二次电压接线进行核对工作，可参考之前章节，此处不一一赘述。

故障录波装置、母差保护装置、计量表计、500kV 线路及主变压器改造时二次电压回路的拆除可参照以上方法执行。

风险三：有些旧有的母线电压并不是从专门的母线测控装置上送后台和调度的，而

是借用其他测控装置上送的，若拆线前未能有效核实而误拆该测控装置电源或者母线测控电压，则调度端接收不到实际母线电压，影响调度监盘。为此，拆线前须确认清楚工作范围内的测控装置有无其他运行的二次回路及监控信号，若能将母线电压或其他信号提前转移至新的测控装置，则应提前报送计划与调度核对及转移相应的遥测、遥信，然后再开展相关回路的拆除工作。若不具备转移条件，则应在作业前密封该测控装置电源及所有运行的电压及信号二次回路。

3. 线路 TYD 二次电压回路示意图

线路保护及测控装置改造一般是在相关一次设备停电的条件下开展的，此时线路 TYD 在停电状态，只要确认 TYD 二次电压回路不带电即可完成同期电压的拆除。但对于存在旁代运行方式的系统，若改造是在线路旁代运行不停电下进行的，则须注意对线路端子箱内运行的 TYD 二次电压回路做好密封，防止误拆至安自装置等运行设备的二次电压回路，导致装置采样不正确而误报警。

对于存在旁代运行方式的系统，线路 TYD 二次电压回路示意图如图 3-55 所示。首先 TYD 二次电压经端子箱内的空气开关引出至线路保护、测控装置作同期用，还有一路电压经旁路母线隔离开关 3G 辅助触点切换后供 220kV 备自投装置作旁路间隔电压采样及功率计算用。

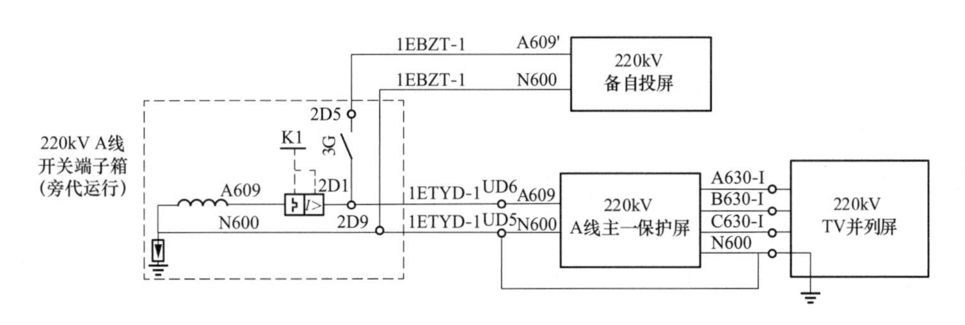

图 3-55　线路 TYD 二次电压回路示意图

4. 线路 TYD 二次电压回路拆线风险辨析及控制措施

风险：当线路旁代运行时，TYD 二次电压回路仍带电运行，须拆除的只是 1ETYD-1 电缆。值得注意的是，TYD 二次电压回路的 N600 在高压场地经阀式避雷器接地，其所有二次回路的接地点从开关端子箱引至线路保护屏后与三相母线 TV 二次电压回路的中性线进行短接，最终在 220kV TV 并列屏内实现一点接地。直接拆除回路号 N600（电缆 1ETYD-1）后，将会造成至备自投屏的 N600（电缆 1EBZT-1）失去接地保护点（对电压采样无影响），如图 3-56 所示，则接在互感器一次侧的高压将通过互感器一、二次绕组间的分布电容和二次电压回路的对地电容形成分压，将高电压引入二次电压回路，其值取决于二次电压回路对地电容大小。高压窜入二次电压回路，危害设备和人身安全。

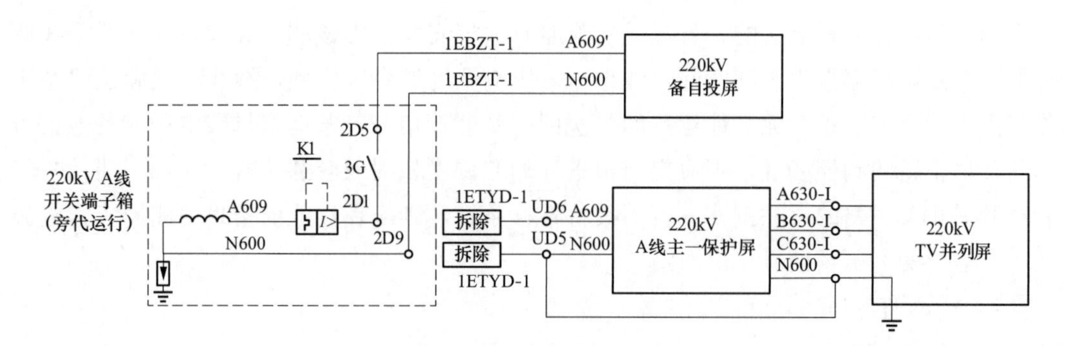

图 3-56　线路 TYD 二次电压回路拆线风险示意图

控制措施如下：

（1）工作前要将运行中和待拆除的二次电压回路进行区分，对运行回路进行密封，将需要解开二次电压回路的端子排号、两侧接线编号一一对应，详细记入二次电压回路安全技术措施单。

具体措施单填写见表 3-5。

表 3-5　　具 体 措 施 单

序号	措施
1	在 220kV 某某线开关端子箱操作 密封 1EBZT-1 电缆至 89P 220kV 备自投屏 TYD 二次电压回路：2D5（A609'）、2D9（N600）

（2）为不影响运行设备的二次电压回路，须在拆线前敷设临时电缆以保证 N600 始终接地。严格按照措施单顺序，先拆除电源侧，再拆除负荷侧；两侧拆除完后测量对地无电压后进行对线。

步骤一：从开关端子箱至 TV 并列屏敷设临时电缆 LSDY-1（回路号 N600），如图 3-57 所示。

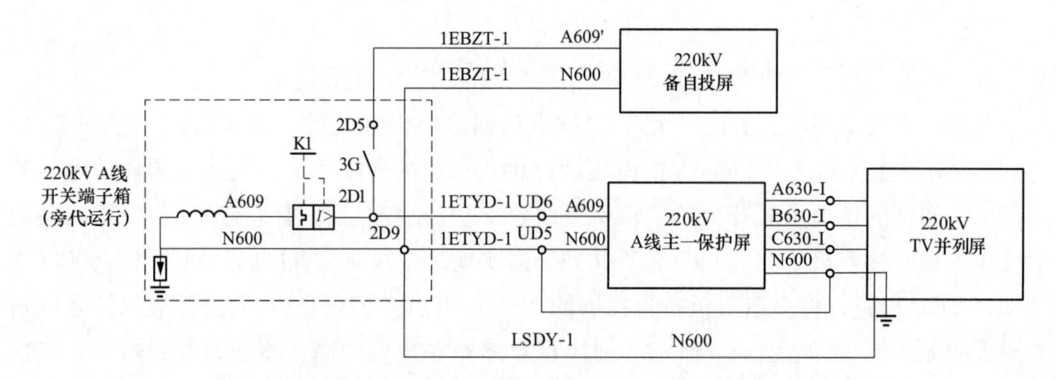

图 3-57　线路 TYD 二次电压回路拆线——敷设临时电缆示意图

步骤二：一直测量着线路保护屏同期电压端子 UD6（回路号 A609/1ETYD-1），电压约 60V，拆除开关端子箱 2D1 端子（回路号 A609/1ETYD-1）接线，拆除后线路保护屏 UD6 端子不带电，如图 3-58 所示。

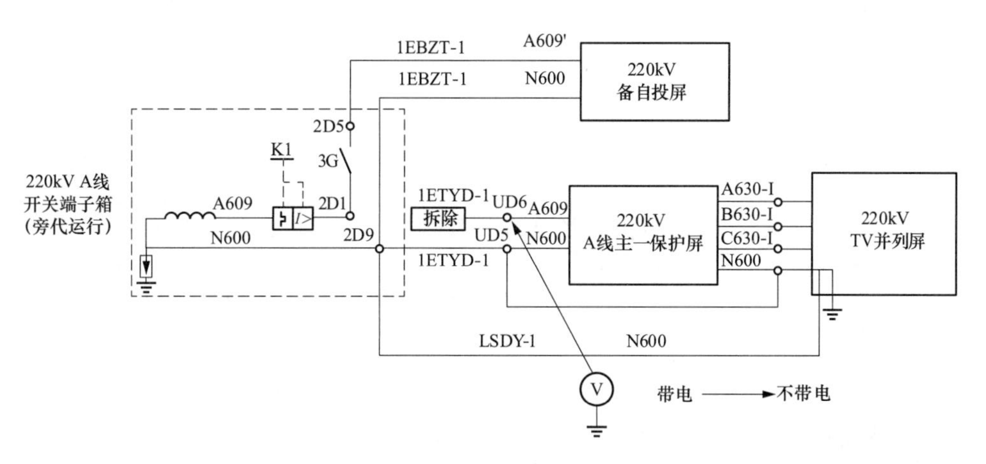

图 3-58　线路 TYD 二次电压回路拆线——测量线路保护屏同期电压端子示意图

步骤三：首先解除线路保护屏内 TYD 二次电压与三相 TV 二次电压 N 线间的短接线，在线路保护屏内使用万用表的电阻挡或蜂鸣挡一直测量端子 UD5（回路号 N600/1ETYD-1）对地的通断情况，拆除开关端子箱 2D9 端子 UD6（回路号 A609/1ETYD-1）接线，拆除后线路保护屏 UD5 对地不通，如图 3-59 所示。

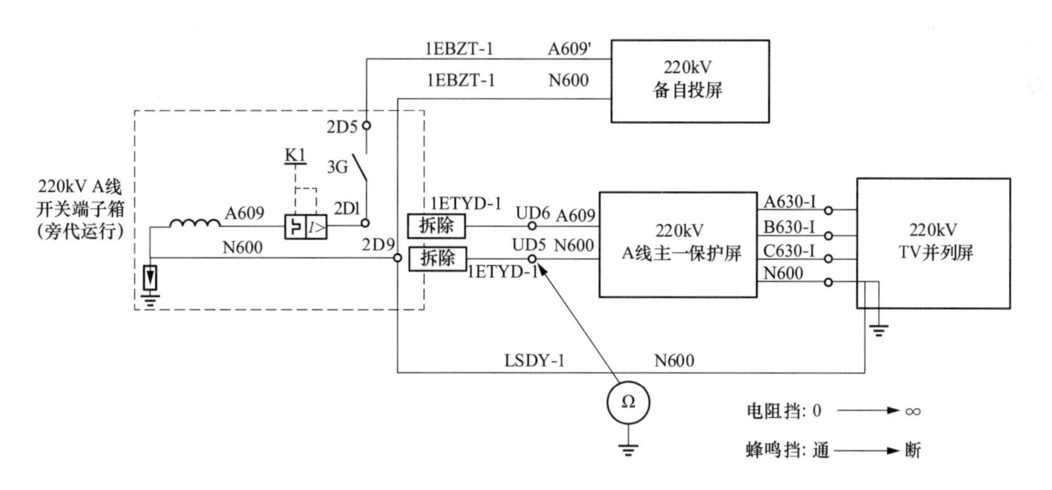

图 3-59　线路 TYD 二次电压回路拆线——拆除开关端子箱 2D9 端子 UD6 示意图

步骤四：对已拆除的二次电压回路接线进行核对工作。

5. 二次电压回路接入注意事项

对于 110kV 主变压器的保护装置，其高、低压侧的二次电压回路示意图如图 3-60 所示。主变压器高压侧线路 TYD 三相电压经空气开关由场地开关端子箱引电缆直接到继电保护室内的保护、测控装置，不设立专门的TV接口屏，其中性点在场地经阀式避雷器接地运行。而10kV母线二次电压则全部引至TV并列屏内，各保护、测控、录波装置等根据选用绕组的准确级、变比、用途等经二次电缆从TV并列屏取用，其中性点在TV并列屏内实现接地。

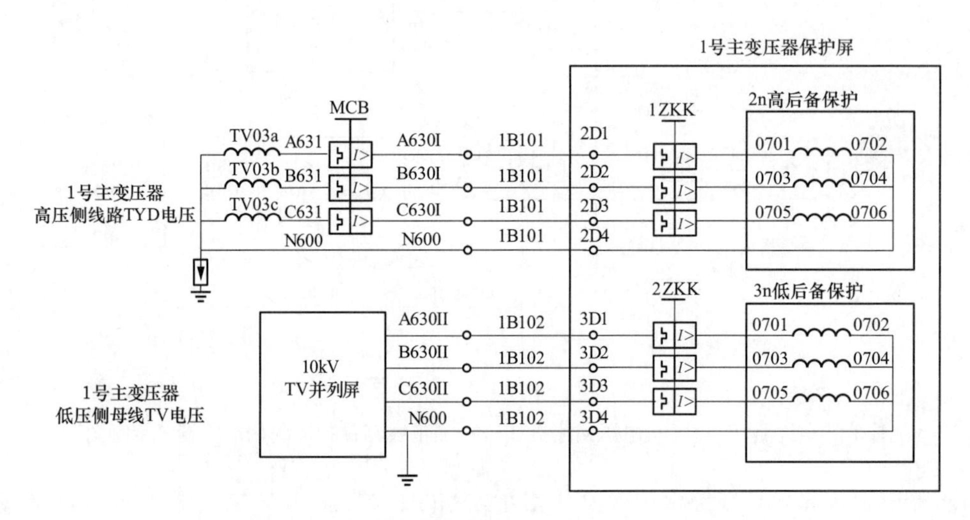

图3-60　110kV主变压器二次电压回路示意图

由图3-61可知，110kV场地的线路TYD二次电压回路中性线没有接地运行，一次高压有可能窜入二次电压回路。因此，应在主变压器保护屏内将高压侧TYD二次电压回路的中性线端子2D4（N600/1B101）短接至低压侧母线TV二次电压回路的中性线端子3D4（N600/1B102），实现全站TV二次电压一点接地。

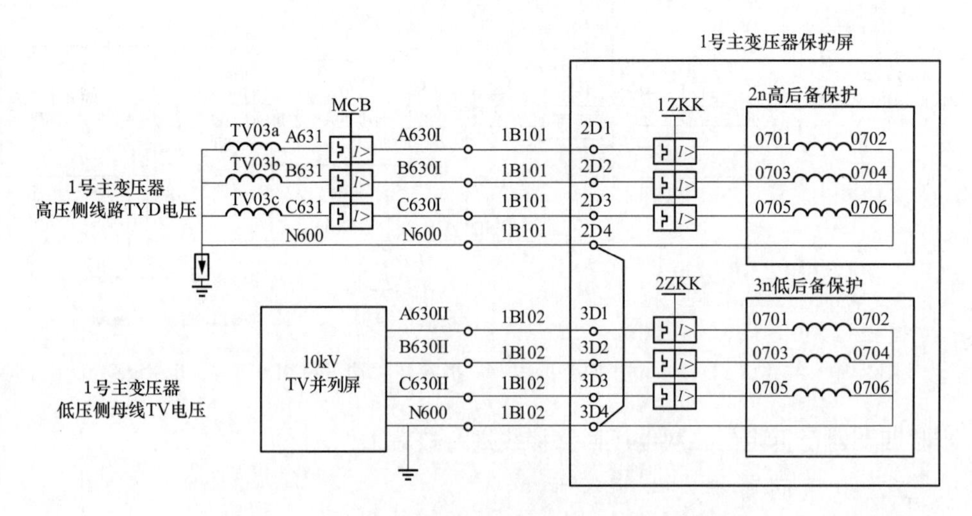

图3-61　110kV主变压器二次电压回路风险示意图

第四节　交直流回路作业风险类别及管控基本措施

1. 交直流电源回路示意图

直流系统为继电保护、控制、信号、计算机监控、事故照明、交流不间断电源等直流负荷提供直流电源。在交直流电源回路的拆除和接入过程中，误接线、误碰等操作均可能导致保护、测控等装置非计划失电，使电力系统失去保护，影响巨大。

以 220kV 线路交直流电源更换工程为例，交直流电源回路示意图如图 3-62 所示，由直流分馈线屏Ⅰ、Ⅱ段分别经过各自的空气开关，给保护屏、操作箱等提供电源。

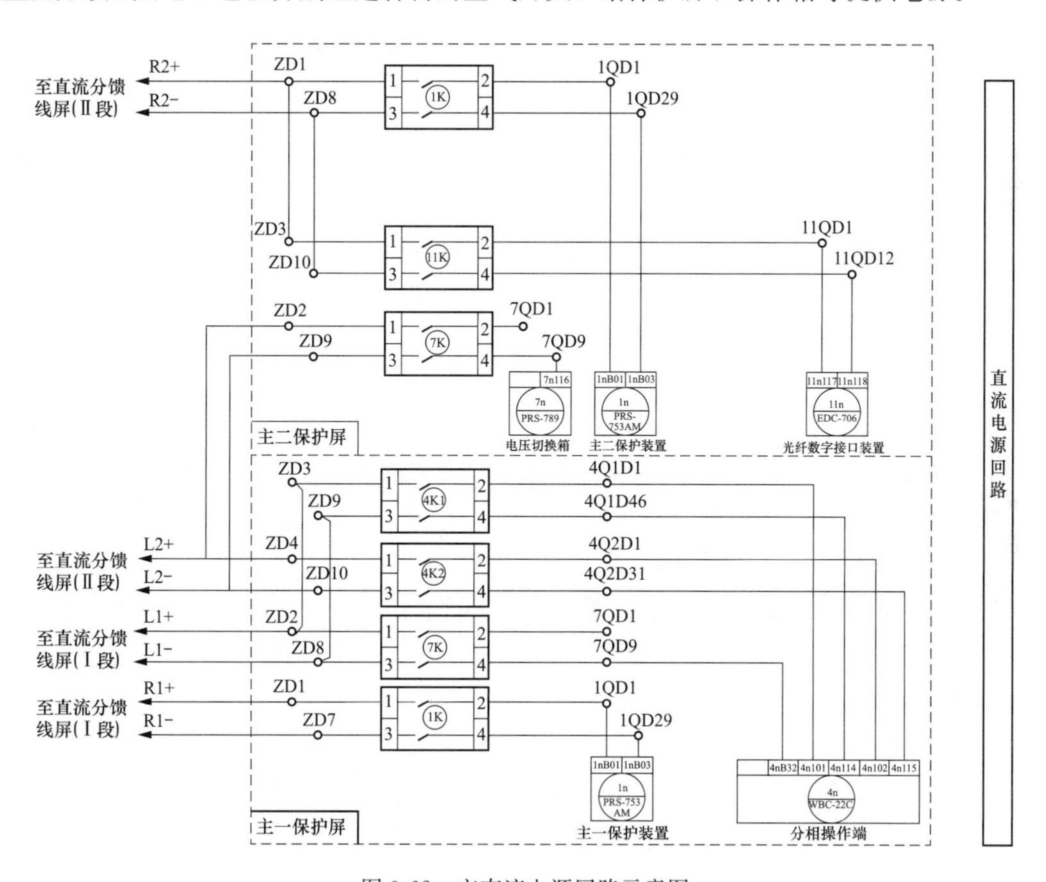

图 3-62　交直流电源回路示意图

2. 交直流电源回路拆线风险辨析及控制措施

风险一：拆除交直流电源回路过程中误碰或误拆线，造成二次设备非计划停电，导致馈线等失去应有的保护，严重则可能造成电力系统的崩溃。

控制措施如下：

（1）按照工作票要求核对所拆线的交直流回路，开工前用绝缘胶布密封其余与该回路无关设备的空气开关。工作前要先熟悉屏内运行设备的相关接线。查阅保护回路图、端子排图和现场接线，将需要解开二次回路的端子排号、两侧接线编号一一对应，详细记入二次回路安全技术措施单。

具体措施单填写见表3-6。

表3-6　　具体措施单

序号	措施
1	在35P 3号主变压器保护屏Ⅰ 拆除2203第一路控制电源Ⅰ至70P直流馈线屏Ⅲ ZL-126电缆：＋KM1（1ZD：2）、－KM1（1ZD：12），并用绝缘胶布包好
2	在70P直流馈线屏Ⅲ 拆除保护装置电源Ⅰ至35P 3号主变压器保护屏Ⅰ ZL-125电缆：＋BM1（D7：1）、－BM1（D7：2），并用绝缘胶布包好

（2）拆线地点要有明显的标识，将拆线地点的前后运行端子以及空气开关用绝缘胶布封好，只空出拆线地点给施工人员拆线。

（3）严格按照措施单顺序，先拆除电源侧，再拆除负荷侧；两侧拆除完后测量对地无电压后进行对线。

风险二：拆除过程中直流接地造成直流系统绝缘能力降低。

控制措施如下：

（1）工器具包括螺钉旋具、万用表等，使用参考公共部分的要求。

（2）将端子排上接二次电缆的芯线解开并用绝缘胶布包扎好，另一人监护并确认，在二次回路安全技术措施单上签字。

第五节　信号、录波回路作业风险类别及管控基本措施

1. 信号、录波回路示意图

通过并接测控单元的公共端正电源，再分别连接到汇控柜及保护装置内的硬触点，然后再汇集回到测控单元相对应的端子上，形成整个信号回路。最后经过测控单元对信号的判断后把信号传输到后台监控机。故障录波装置可以记录故障发生前、发生时、发生后的波形和数据，录波中记录电流、电压等模拟量和断路器位置信息、外部保护动作输入信息、各保护内部动作信息等开关量。

以220kV线路信号、录波回路更换工程为例，信号、录波回路示意图如图3-63和图3-64所示。

2. 信号、录波回路拆线风险辨析及控制措施

风险一：拆除信号、录波回路过程中误碰或误拆线，造成二次系统误发信，导致上送信息错误。

图 3-63　220kV 线路信号回路示意图

控制措施如下：

(1) 按照工作票要求核对所拆线的信号、录波回路，开工前用绝缘胶布密封其余与该回路无关的端子排。工作前要先熟悉屏内运行设备的相关接线。查阅保护回路图、端子排图和现场接线，将需要解开二次回路的端子排号、两侧接线编号一一对应，详细记入二次回路安全技术措施单。

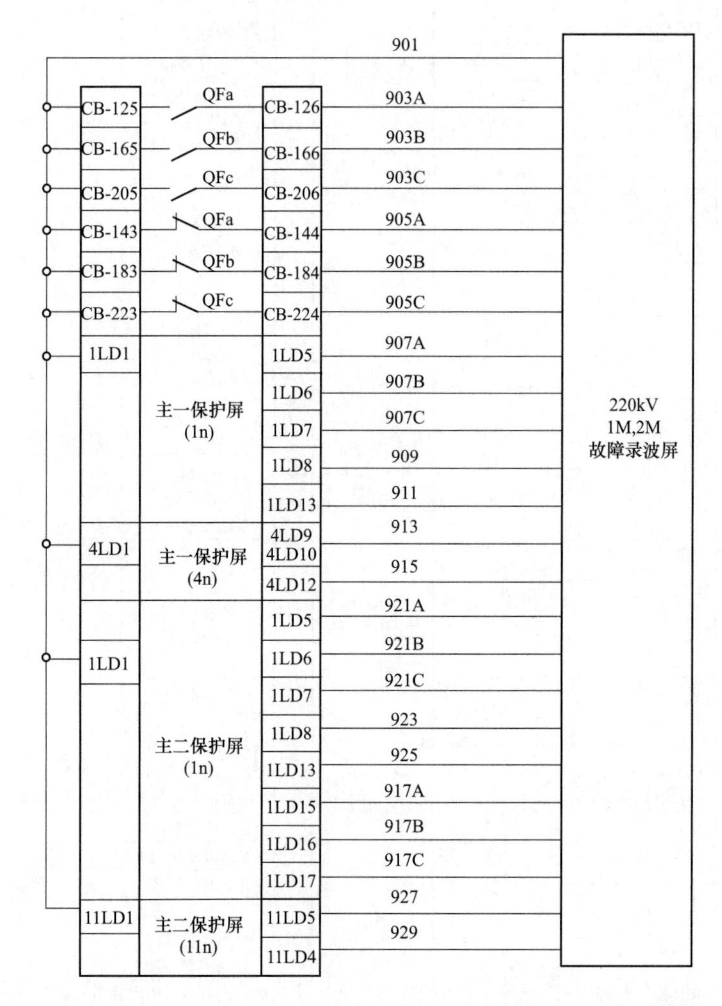

图 3-64　220kV 线路录波回路示意图

具体措施单填写见表 3-7。

表 3-7　　具 体 措 施 单

序号	措施
1	在 9P 3 号主变压器测控屏 拆除 3 号主变压器低压侧测量电流回路至 50P 主变压器电能表屏 3BCK-140 电缆：A4242（3D1：9）、B4242（3D1：10）、C4242（3D1：11）、N4242（3D1：13），并用绝缘胶布包好
2	在 50P 主变压器电能表 拆除 3 号主变压器测量电流回路至 9P 3 号主变压器测控屏 3BCK-140 电缆：A4242（3B-Ⅲ：6）、B4242（3B-Ⅲ：7）、C4242（3B-Ⅲ：8）、N4242（3B-Ⅲ：5），并用绝缘胶布包好

续表

序号	措施
3	在 34P 3 号、4 号主变压器故障录波屏 拆除 3 号主变压器故障录波信号回路至 35P 3 号主变压器保护 I 屏 3BGL-130 电缆：8001（DC24V＋：20）、8003（D1：1）、8005（D1：2）、8007（D1：3）、8009（D1：4），并用绝缘胶布包好
4	在 35P 3 号主变压器保护 I 屏 拆除 3 号主变压器故障录波信号回路至 34P 3 号、4 号主变压器故障录波屏 3BGL-130 电缆：8001（4D：72）、8003（4D：26）、8005（4D：27）、8007（4D：23）、8009（4D：28），并用绝缘胶布包好

（2）拆线地点要有明显的标识，将拆线地点的前后运行端子以及空气开关用绝缘胶布封好，只空出拆线地点给施工人员拆线。

（3）严格按照措施单顺序，先拆除电源侧，再拆除负荷侧；两侧拆除完后测量对地无电压后进行对线。

风险二：拆除信号、录波回路过程中由于电缆芯没有包好等误操作易导致直流系统接地短路，造成系统绝缘能力降低，严重则可能造成烧毁供电电源设备和供电网络。

控制措施如下：

（1）工器具包括螺钉旋具、万用表等，使用参考公共部分的要求。

（2）将端子排上接二次电缆的芯线解开并用绝缘胶布包扎好，做好绝缘措施，另一人监护并确认，在二次回路安全技术措施单上签字。

第六节　开入回路作业风险类别及管控基本措施

1. 开入回路示意图

以 220kV 母线差动及失灵保护更换工程为例，需要拆除 220kV 母线差动及失灵保护屏，拆除前需要拆除外部全部回路接线。其中包括所有 220kV 间隔的断路器/隔离开关开入回路、跳闸回路及信号回路。此时母线差动及失灵保护退出运行，但是接入 220kV 母差保护的间隔均为带电运行状态。

220kV 母线差动及失灵保护开入回路示意图如图 3-65 所示。

220kV 母线差动及失灵保护开入回路均由断路器/隔离开关的辅助触点提供开入，其中 220kV 母联提供断路器分合位开入，其他 220kV 间隔提供隔离开关位置开入，以确定该间隔所挂母线。该回路的电源侧是 220kV 母线差动及失灵保护屏，非电源侧是其他 220kV 间隔保护屏。

220kV 母线差动及失灵保护开入回路具体走向如下：母线差动及失灵保护正电源 1Q1D1→回路 051→断路器/隔离开关辅助触点→回路 052→母线差动及失灵保护屏开入端子 1Q1D5。

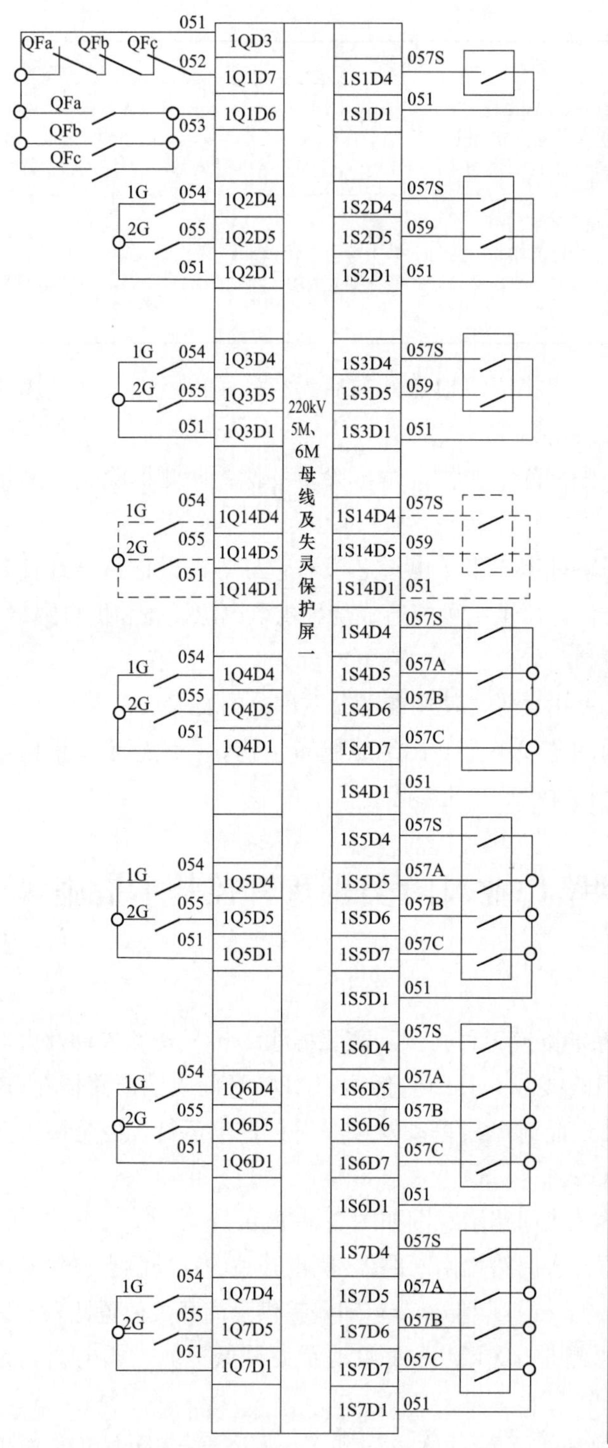

公共端		L1 5M,6M母联
5M,6M母联断路器合位	三跳启动失灵	
5M,6M母联断路器合位	公共端	
1G	主变压器保护A动作启动失灵	L2 4号主变压器
2G	失灵解除	
公共端	公共端	
1G	主变压器保护A动作启动失灵	L3 5号主变压器
2G	失灵解除	
公共端	公共端	
1G	主变压器保护A动作启动失灵	L14 备用6号主变压器
2G	失灵解除	
公共端	公共端	
	三跳启动失灵	L4某某甲线
1G	A相启动失灵	
2G	B相启动失灵	
公共端	C相启动失灵	
	公共端	
	三跳启动失灵	L5某某乙线
1G	A相启动失灵	
2G	B相启动失灵	
公共端	C相启动失灵	
	公共端	
	三跳启动失灵	L6某甲线
1G	A相启动失灵	
2G	B相启动失灵	
公共端	C相启动失灵	
	公共端	
	三跳启动失灵	L7某乙线
1G	A相启动失灵	
2G	B相启动失灵	
公共端	C相启动失灵	
	公共端	

(a)

图 3-65　220kV 母线差动及失灵保护开入回路示意图（一）

(a) 差动保护

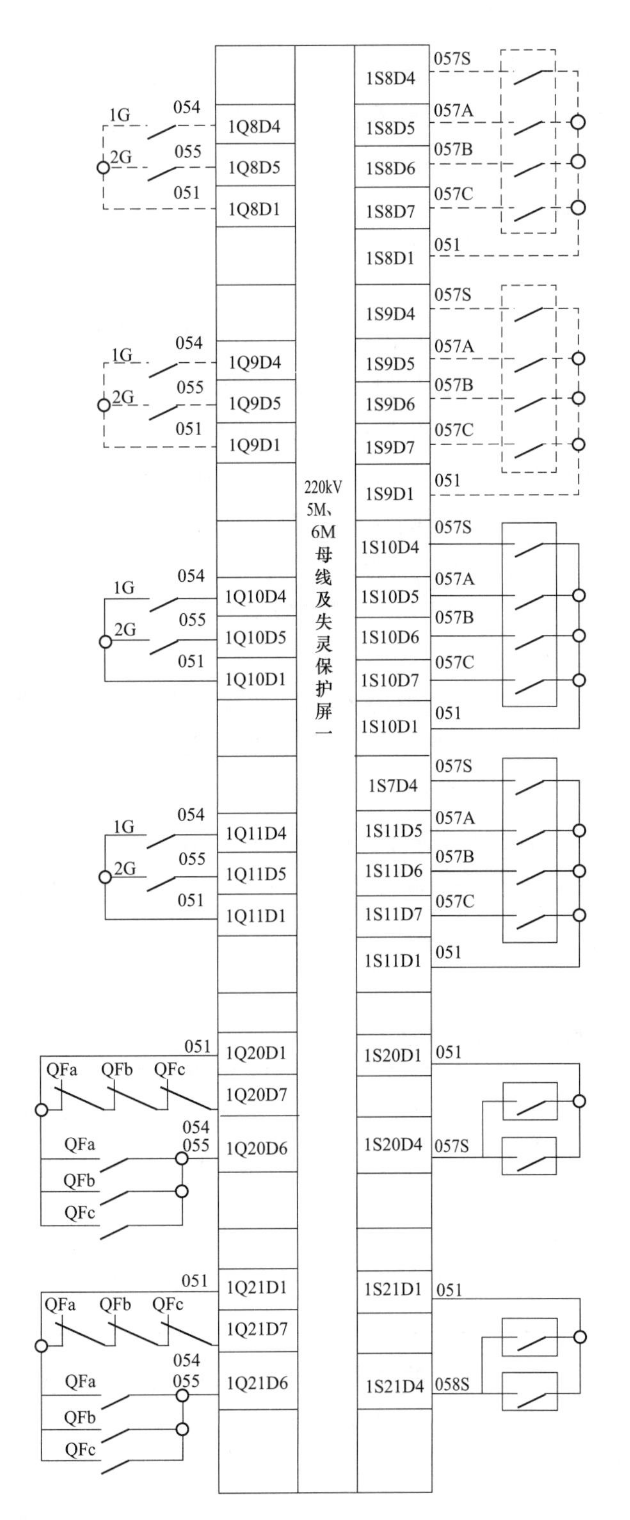

	三跳启动失灵	L8 备用1线路
1G	A相启动失灵	
2G	B相启动失灵	
公共端	C相启动失灵	
	公共端	
	三跳启动失灵	L9 备用2线路
1G	A相启动失灵	
2G	B相启动失灵	
公共端	C相启动失灵	
	公共端	
	三跳启动失灵	L10 某某甲线
1G	A相启动失灵	
2G	B相启动失灵	
公共端	C相启动失灵	
	公共端	
	三跳启动失灵	L11 某某乙线
1G	A相启动失灵	
2G	B相启动失灵	
公共端	C相启动失灵	
	公共端	
		L20 1M,5M分段
公共端	公共端	
1M,5M分段断路器分位	1M,2M母线及失灵保护—启动1M,5M分段失灵	
1M,5M分段断路器合位	1M,5M分段操作箱三跳启动失灵	
		L21 2M,6M分段
公共端	公共端	
2M,6M分段断路器分位	1M,2M母线及失灵保护—启动2M,6M分段失灵	
2M,6M分段断路器合位	2M,6M分段操作箱三跳启动失灵	

(b)

图 3-65　220kV 母线差动及失灵保护开入回路示意图（二）

（b）失灵保护

2. 开入回路拆线风险辨析及控制措施

风险一：拆除开入回路过程中误碰造成220kV母差失灵回路动作，出口跳开母线上所有开关，造成220kV母线失压。

控制措施如下：

（1）按照工作票要求退出220kV母线差动及失灵保护屏所有出口连接片。开工前用绝缘胶布密封失灵连接片带电端。工作票填写要求如下：

退出27P 220kV母线差动保护屏以下连接片：XB1 BP-2A跳1号主变压器高压侧2201断路器出口I、XB2 BP-2A跳2号主变压器高压侧2202断路器出口I、XB3 BP-2A跳3号主变压器高压侧2203断路器出口I、XB4 BP-2A跳220kV旁路2030开关出口、XB5 BP-2A跳220kV某某乙线2476断路器出口、XB6 BP-2A跳220kV某某甲线2475断路器出口、XB7 BP-2A跳220kV某某乙线4515断路器出口I、XB8 BP-2A跳220kV某某甲线4514断路器出口I、XB9 BP-2A跳220kV母联2012开关出口I、XB11 BP-2A跳4号主变压器高压侧2204断路器出口I、XB19 BP-2A跳1号主变压器高压侧2201断路器出口II、XB20 BP-2A跳2号主变压器高压侧2202断路器出口II、XB21 BP-2A跳3号主变压器高压侧2203断路器出口II、XB25 BP-2A跳220kV某某乙线4515断路器出口II、XB26 BP-2A跳220kV某某甲线4514断路器出口II、XB27 BP-2A跳220kV母联2012开关出口II、XB29 BP-2A跳4号主变压器高压侧2204断路器出口II。

（2）工作前要先熟悉屏内运行设备的相关接线。查阅保护回路图、端子排图和现场接线，将需要解开二次回路的端子排号、两侧接线编号一一对应，详细记入二次回路安全技术措施单。

具体措施单填写见表3-8。

表3-8　　具体措施单

序号	措施
1	在旧27P 220kV母线差动保护屏 拆除隔离开关开入回路至新3号主变压器220kV侧2203开关端子箱3BMC-270电缆：BD：75（01）、BD：17（03）、BD：18（05）
2	在新3号主变压器220kV侧2203开关端子箱 拆除隔离开关回路至旧27P 220kV母线差动保护屏3BMC-270电缆：BD：1（01）、BD：3（03）、BD：4（05）

（3）现场根据电缆走向，确认需要拆除或接入的电缆，将拆接线的端子做好明显的标识，密封隔离其他不需要拆接线的全部端子，只留出需要拆接线的端子。拆线时，若同一个端子有其他不需要拆除的接线，应通过剪断电缆的方式实现拆线，避免对其他回路造成影响，拆线后应用绝缘胶布做好包扎；接线时，若现场没有多余空端子，应提前增加空端子或短接片，避免同一端子接线多于1根。

（4）严格按照措施单顺序，先拆除电源侧，再拆除负荷侧；两侧拆除完后测量对地

无电压后进行对线。

风险二：拆除过程中直流接地造成直流系统绝缘能力降低。

控制措施如下：

（1）工器具包括螺钉旋具、万用表等，使用参考公共部分的要求。

（2）将端子排上接二次电缆的芯线解开并用绝缘胶布包扎好，另一人监护并确认，在二次回路安全技术措施单签字。

第四章　跨专业作业风险辨识与管控

第一节　变电站一、二次作业关联

站内的工作涉及检修、高压试验、化学试验、电测试验、继电保护、自动化、通信、计量、运行等各专业作业。以往的作业中，各专业的风险控制都是由各专业独立的作业表单或者作业文件管控的，并未很完善的通盘考虑其他专业对本专业造成的影响，忽略了这些作业之间的强关联关系和回路的关联关系。各专业间因回路关联、设备关联等原因存在着部分强关联的风险，但作业上的组织措施、技术措施又是单独开展的，因对跨专业的知识、风险认识、经验和重视程度有所欠缺，导致跨专业的风险控制力较弱，存在着管控不到位的问题。为了提高跨专业风险的管控能力，需要通过普及跨专业知识、明晰各专业关联的风险点，建立完善的风险库和将跨专业风险库纳入各专业表单，培育跨专业风险意识。

第二节　跨专业的作业风险管控

针对目前跨专业风险较为严峻的问题，很有必要按照体系化、标准化、精细化对各专业之间的跨专业风险进行识别和管控。确保安全生产风险可控、在控，以风险控制为主线，依据风险控制与管理内容，关注事前的风险分析与评估，超前控制风险，把安全防范的关口前移，实现动态的、主动和超前的安全生产风险管理。跨专业的作业风险管控主要参照以下原则和方法：

（1）结合年度作业风险评估工作，梳理各专业现有作业任务，组织各专业集中分析讨论，辨识各项作业任务中存在的跨专业作业风险，建立完备的跨专业作业风险库，制定适用于实际现场的跨专业作业风险管控措施。

（2）结合年度作业指导书修编工作，对于涉及跨专业作业风险的作业任务，本专业应将已辨识出的跨专业作业风险及对应的管控措施按照作业指导书修编要求清晰地固化到本专业相应的作业指导书中，并组织本专业全员培训宣贯，加深对工作对象设备及装置的掌握，提升现场作业风险辨识能力，指导现场跨专业作业风险管控措施的有效落实。

（3）新增作业任务存在跨专业作业风险时，工作负责人应提前进行风险辨识，评估

作业中可能存在的跨专业风险，以专业沟通（电话、OA、书面记录、会议讨论等）形式组织相关专业联合进行风险评估，共同明确该作业任务的具体跨专业风险及管控措施，并由工作负责人组织纳入现场作业指导书中。

（4）新增作业任务存在跨专业作业风险时，各专业应按照作业风险评估相关管理规定及时纳入作业风险库，并依照作业指导书修编管理规定完成跨专业风险及管控措施内容的作业指导书固化工作。

（5）存在跨专业作业风险的现场作业任务时，工作负责人应在安全交底时对工作班成员强调并宣贯该作业任务的跨专业作业风险及管控措施，确保现场工作班成员明晰作业中存在的跨专业风险及相应管控措施。

（6）工作负责人对作业任务中涉及的跨专业作业风险及管控措施的完备性和正确性负责，应掌握跨专业作业风险管控措施的实施方法，负责对跨专业作业风险管控措施现场实施的作业全过程把控。

（7）跨专业作业风险管控措施中的“断、短、拆、接”等具体实施内容应在工作票或其二次措施单上体现。开工前需由当值运行人员实施并与工作负责人确认的管控措施，应清晰正确记录在工作票对应的安全措施栏目中；作业前或作业过程中由工作负责人组织落实的管控措施，应详细正确记录在二次措施单中。

（8）工作票所列的跨专业作业风险管控措施，由工作许可人在工作票许可前一次性组织落实，完成后会同工作负责人逐一确认现场措施正确无误后方能许可。工作过程中工作人员不得擅自变更管控措施。作业终结后，由当值运行人员负责工作票上管控措施的恢复工作。

（9）二次措施单中跨专业作业风险管控措施的实施原则，应优先选择本专业所辖设备或工作地点内工作对象直接关联的附属部件等范围内能有效实施的区域，由工作负责人组织工作班成员现场实施。对于跨专业作业风险管控措施的执行对象为非本专业所辖的非工作范围内设备，工作负责人必须提前做好联系沟通，涉及的相关专业应按照有关运行管理要求协助实施。

（10）二次措施单的跨专业作业风险管控措施，由工作负责人根据作业任务安全需要，依据与现场一致的图纸或经现场勘查后的结果组织填写并审核，对该作业任务管控措施的完备性和正确性负责。

（11）二次措施单的跨专业作业风险管控措施，应在工作许可后，作业开始前，由工作负责人或指定专责监护人组织工作班成员现场实施。作业过程中，工作班成员不得擅自变更管控措施。作业结束后，由工作负责人或指定专责监护人监护工作班成员逐一恢复二次措施单上的管控措施。工作负责人应再次核实恢复情况，确保设备已恢复至许可后的状态。

（12）存在跨专业作业风险的施工单位作业任务，施工方案必须明确列出该作业任务中的所有跨专业作业风险及对应的管控措施，并经验收专业的相关人员会审通过后方可批准。

（13）存在跨专业作业风险的施工单位作业任务，由施工单位工作负责人组织填写工作票及二次措施单中的跨专业作业风险管控措施。其中二次措施单中的管控措施必须经所属验收专业的相关人员审核把关，并按照审核意见补充完善，必要时施工单位工作负责人应会同验收专业相关人员进行现场核实，明确具体措施。施工单位工作负责人和验收专业人员对该作业任务跨专业作业风险管控措施的完备性和正确性负责。

（14）施工单位作业任务的跨专业作业风险，其二次措施单中的管控措施由施工单位工作负责人组织实施，管控措施的落实过程中要求验收专业人员现场见证，确保措施执行正确、完善。

（15）施工单位作业结束后，由施工单位工作负责人组织、在验收专业人员现场见证下，进行二次措施单中管控措施的逐一恢复。施工单位工作负责人和验收专业负责人对管控措施恢复的完备性和正确性负责。

（16）现场作业中存在一次设备与二次设备状态不同步而产生的作业风险，包括一次设备停电检修与对应的二次设备不等同检修，如一次设备间隔停电检修施工过程中若误碰、误挖、误伤、误踩二次回路电缆，可能引起其他运行设备跳闸；二次设备检修与相关一次设备仍在运行，如线路本侧断路器及保护装置停电检修，但对侧断路器处于充电运行状态或3/2接线中的断路器合环状态，若未对线路保护通道进行隔离，可能引起对侧运行断路器跳闸。工作负责人应提前进行风险辨识，作业前落实检修设备与运行设备的安全隔离。

第三节　一次设备作业风险辨识与管控

一、电流互感器

电流互感器是依据电磁感应原理将一次侧大电流通过一定的变比转换成二次侧小电流，提供给仪表或继电器等用作测量、保护等用途的设备。如图4-1所示，电流互感器由闭合的铁芯、一次绕组、二次绕组、接线端子及绝缘支持物组成。它的一次绕组匝数很少，串在需要测量电流的线路中，因此它经常有线路的全部电流流过；二次绕组匝数较多，串接在测量仪表和保护回路中，正常工作时电流互感器的二次回路始终是闭合的，因测量仪表和保护回路串联线圈的阻抗很小，故电流互感器的工作状态接近短路。

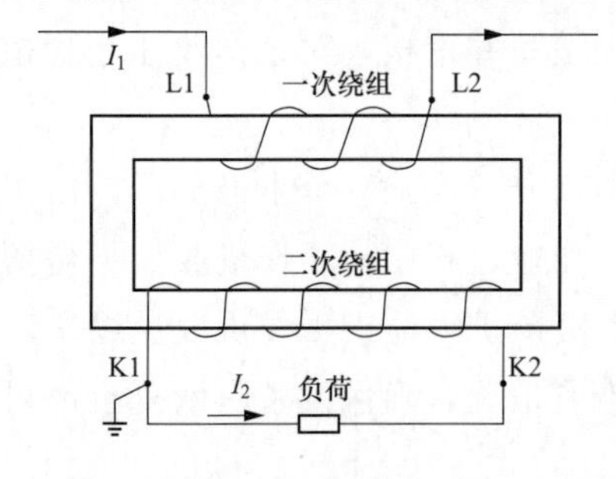

图4-1　电流互感器的结构与基本原理

如图4-2所示，电网系统一次大电流流过电流互感器的一次绕组，通过电磁互感原理使其二次绕组（接线柱）感应出相应的二次电流，

经由就地开关端子箱中的电流端子及相关二次电缆回路连接，将实时电流量传送至各类装置仪表用作保护、测量等用途。因此，电流互感器的二次接线盒（柱）及其相应端子箱内二次电流回路端子排区域属于重点的风险管控区域。

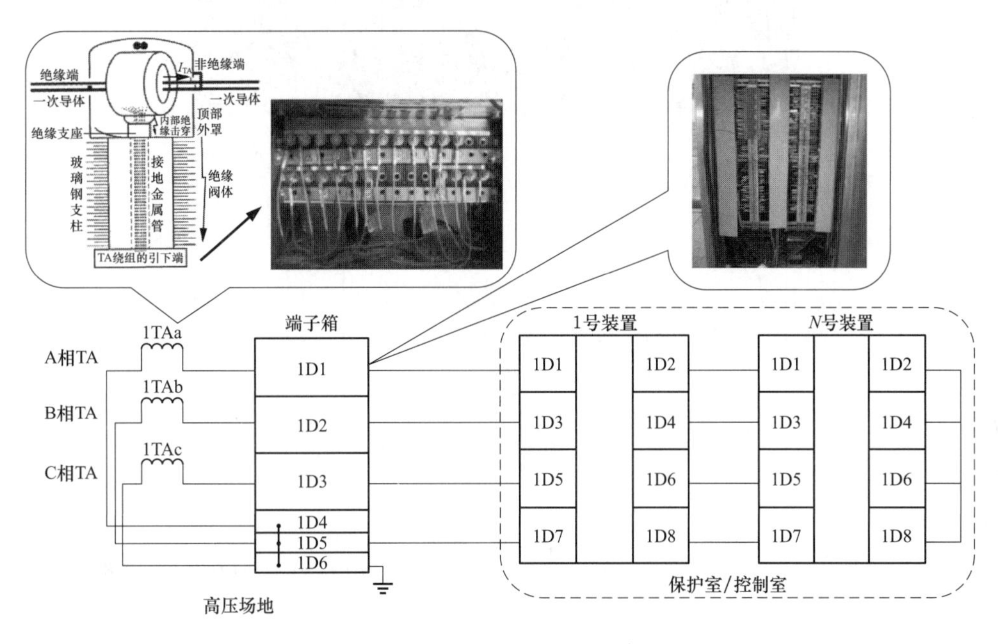

图 4-2　电流互感器二次电流回路走向图

1. 误碰二次电流回路造成多点接地，引起运行电流回路分流或窜入电流，存在保护误动或拒动风险

正常运行中的电流互感器的所有二次电流回路必须分别并且只能有一点接地。二次电流回路接地是保证电流互感器二次绕组及其所接回路上的保护装置、测量仪表等设备和人员安全的重要措施。独立的、与其他互感器二次回路没有电的联系的电流互感器二次回路，宜在开关场地实现一点接地（见图 4-3）。由几组电流互感器绕组组合且有电路直接联系的回路，电流互感器二次回路宜在首个汇集点和电流处一点接地（见图 4-4）。

同一电流回路存在两个或多个接地点时，可能出现：部分电流经大地分流；因地电位差的影响，回路中出现额外的电流；加剧电流互感器的负载，导致互感器误差增大甚至饱和。以图 4-5 为例，正常运行中的母差保护二次电流回路出现了两点接地，造成了 A 相电流的分流，此时保护 A 相通道所采集到的二次电流值实际只有 A 相 TA 二次绕组输出电流的一部分，引起保护出现差流，存在保护误动的风险。

对于常见的 500kV 设备 3/2 接线方式，因边开关 TA 的二次电流回路参与入串的线路或主变压器保护的和电流，同时中开关 TA 的二次电流回路分别参与两侧入串的线路或主变压器保护的和电流，当入串的线路或主变压器保护所采集的二次电流回路有电路直接联系时，其中一侧的开关 TA 在停电状态，此时误碰该停电 TA 二次电流回路造成

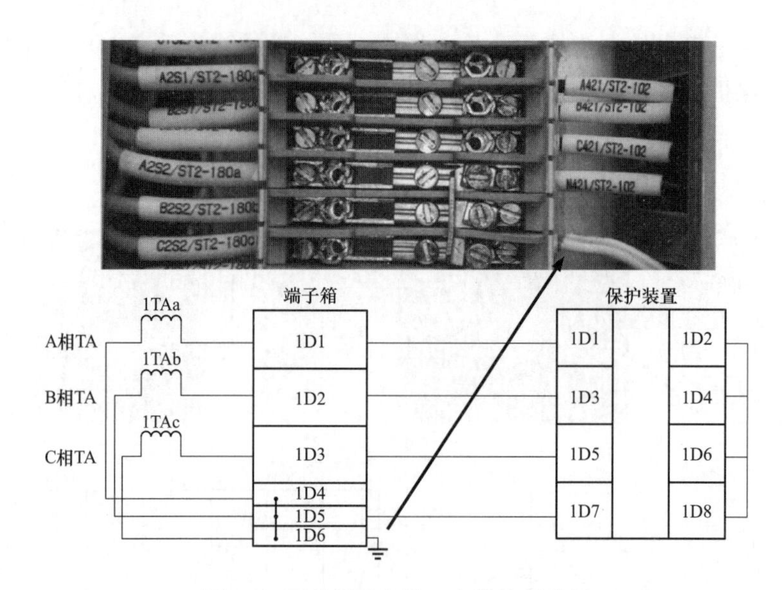

图 4-3　开关场地电流一点接地示意图

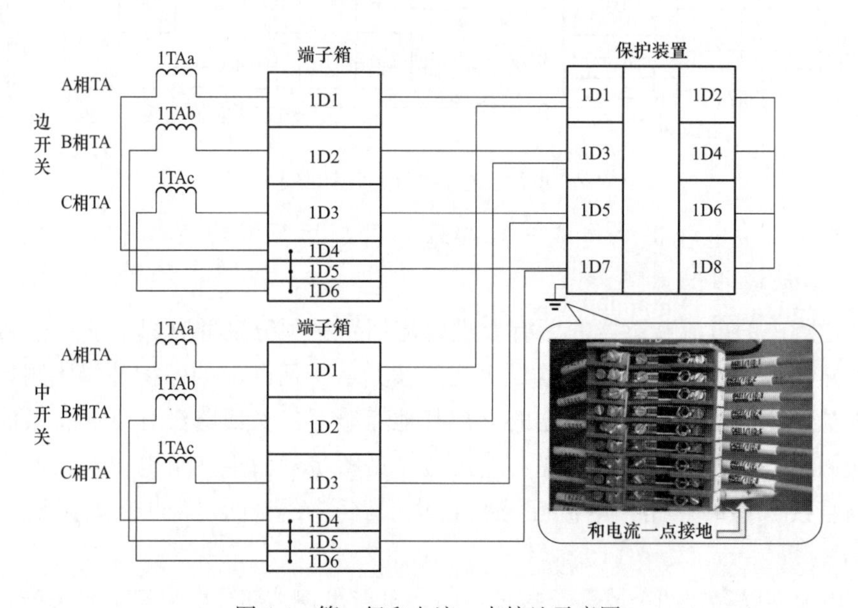

图 4-4　第一级和电流一点接地示意图

多点接地，同样造成运行侧 TA 电流回路的分流或窜入电流，存在线路或主变压器保护误动的风险。如图 4-6 所示，检修中的 A 相 TA 二次绕组电流回路因误碰造成和电流接线方式的二次电流回路多点接地，引起运行中 A 相 TA 的输出电流产生分流，同样存在保护误动的风险。

【管控要点】

(1) 对于由多组电流互感器二次绕组组合且有电路直接联系的电流互感器，如 500kV 设备 3/2 接线方式下二次电流回路和电流接线的电流互感器，应在 TA 二次接线

盒（柱）上进行风险提示标识，如图4-7所示，粘贴“TA回路二次设备运行，触碰存在保护误动风险”标签。

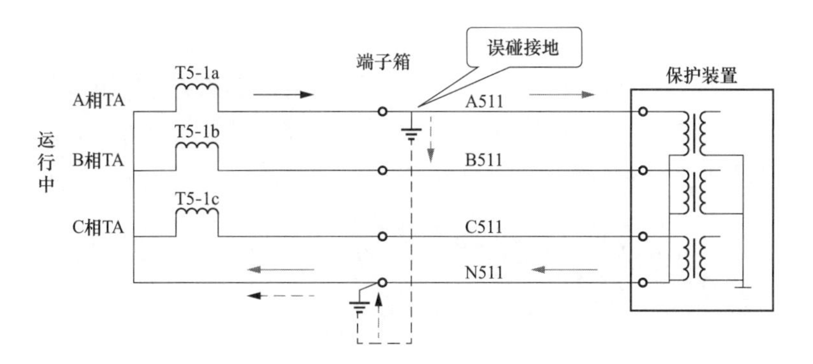

图4-5　电流回路多点接地电流示意图

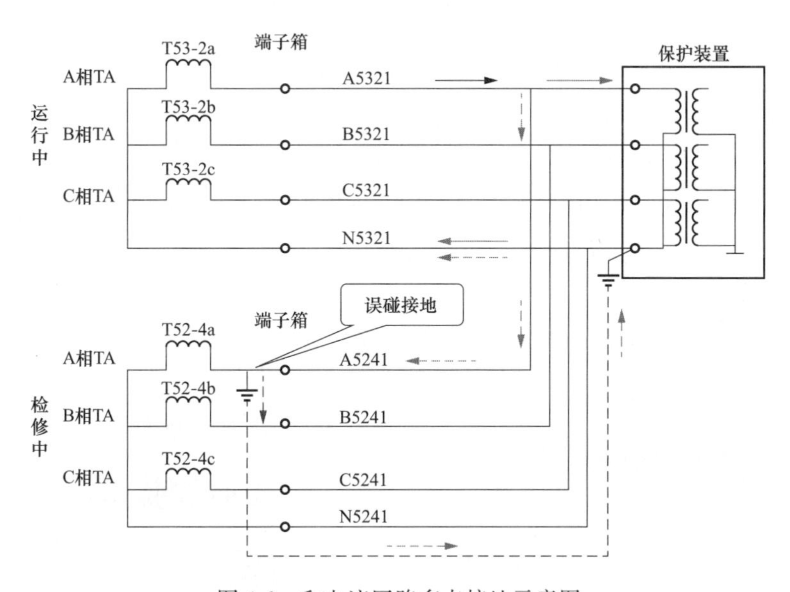

图4-6　和电流回路多点接地示意图

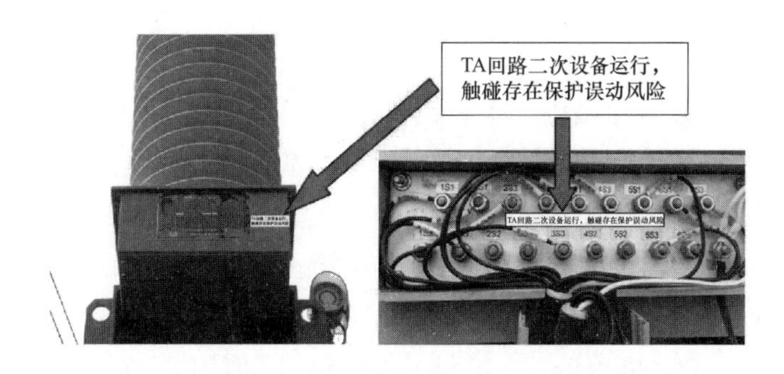

图4-7　TA风险提示标识示例

（2）在临近电流互感器的二次电流回路区域（如TA接线柱、端子箱TA回路等）

开展作业，工作前应对非工作区域的 TA 接线柱、TA 回路端子排等二次电流回路做好绝缘封闭隔离，根据工作需要预留开放工作对象及相关端子排区域，如图 4-8 所示，防止误碰二次电流回路。

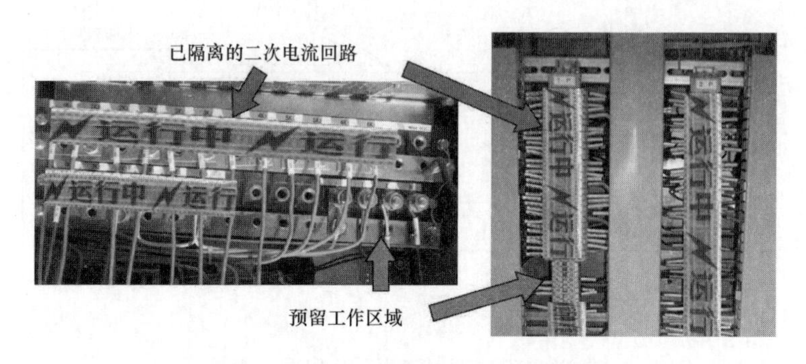

图 4-8　二次电流回路区域封闭隔离措施

（3）单个 500kV 断路器检修状态下，作业内容涉及或影响二次电流回路时，应根据工作需要在 TA 二次接线盒（柱）上或端子排处实施解除 TA 二次电流回路接线或断开 TA 二次电流回路等隔离措施。

（4）实施解除 TA 二次电流回路接线或断开 TA 二次电流回路等隔离措施时，严格按照二次安全技术措施单进行详细逐项记录，临时解除的接线应用绝缘胶布及时包扎并固定，防止造成接地。

（5）作业中应使用绝缘包裹良好的工器具（见图 4-9）。

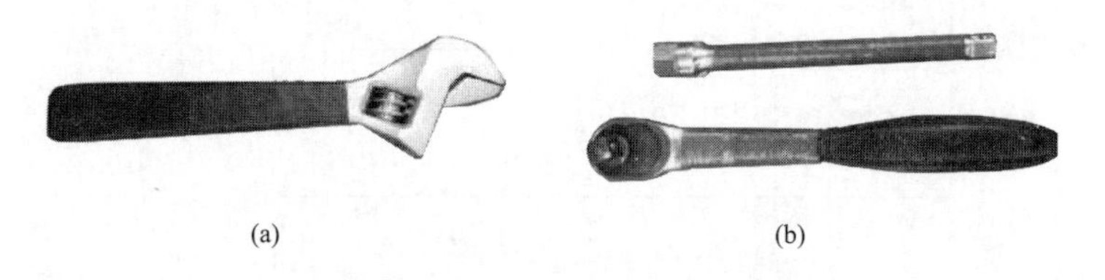

(a)　　　　(b)

图 4-9　绝缘包裹良好的工器具

（a）绝缘扳手 1；（b）绝缘扳手 2

【例 4-1】 某 500kV 变电站内作业班组开展 500kV 某某线 TA、500kV 第五串联络开关 5052 断路器 TA 防潮封堵工作，在进行接线盒防潮封堵和电缆保护钢管上端开防潮孔作业过程中（见图 4-10），因未辨识出该作业过程存在触碰 TA 二次接线柱造成 TA 二次回路多点接地的风险，未能正确落实绝缘隔离措施，作业人员在使用扳手遮挡钻头时，扳手头（金属裸露部分）触碰到检修状态 500kV 第五串联络开关 5052 断路器 TA 二次接线柱，造成联络开关 5052 断路器 TA C 相二次回路多点接地，导致 500kV 某某线保护动作跳闸。

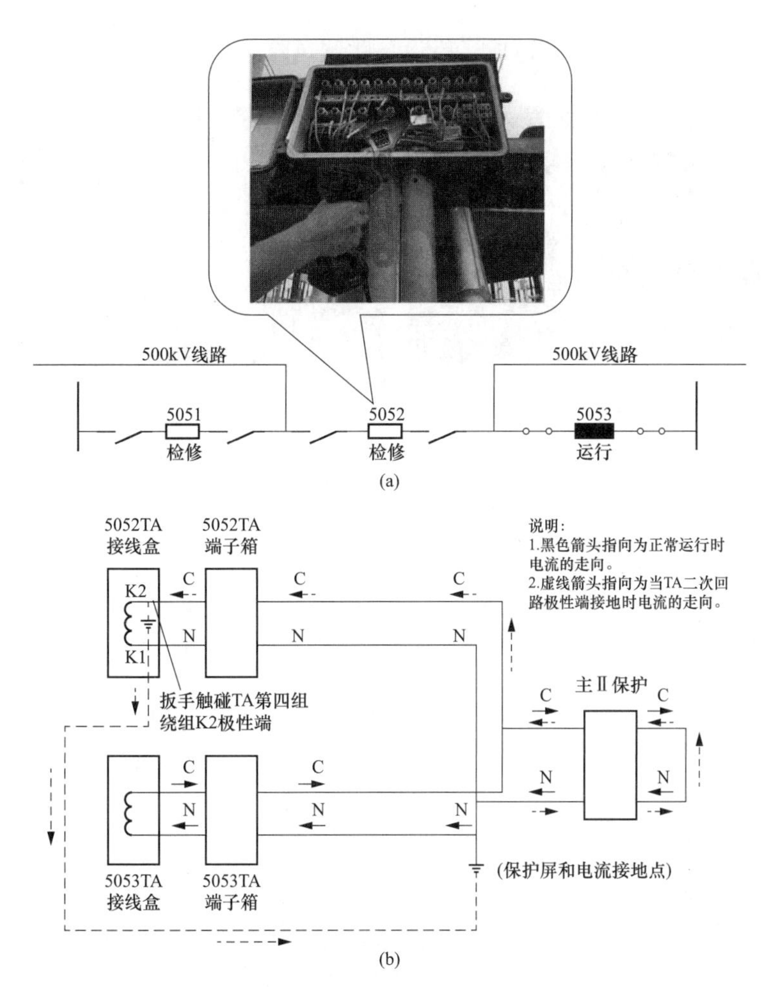

图 4-10　现场作业误碰引起保护误动示意图

(a) 现场作业模拟场景；(b) TA 两点接地时保护电流回路走向图

2. 作业过程中误将试验量加入二次电流回路中，存在保护误动风险

根据不同电压等级、不同设备间隔的需求，一个电流互感器可提供多组二次绕组，实现继电保护、安自装置、测量、控制等仪器仪表对一次系统的同时接入，用以获取同一电气设备的实时一次回路电流信息。如图 4-11 所示，同一电流互感器的不同二次绕组提供不同的二次设备采集电流；考虑到二次绕组数量不足时，存在同一组二次绕组同时串供给多套二次设备供电流采集的接线方式。当电流互感器一次绕组通入交流电流时，所有二次绕组同时感应并输出二次电流，此时所有接入该二次绕组的继电保护、安自装置和测量仪表等设备均能同时采集到相应电流。当电流互感器在停电状态时，经电流回路所连接的所有二次设备仍在正常运行状态，特别是母差、稳控、备自投等装置同时关联着其他运行一次设备，因此在对电流互感器本体或其直接连接的一次设备上进行试验等可能使电流互感器一次绕组产生通流的检修工作前，必须对相应的二次电流回路进行

有效的安全隔离，防止保护误动造成运行设备跳闸风险。

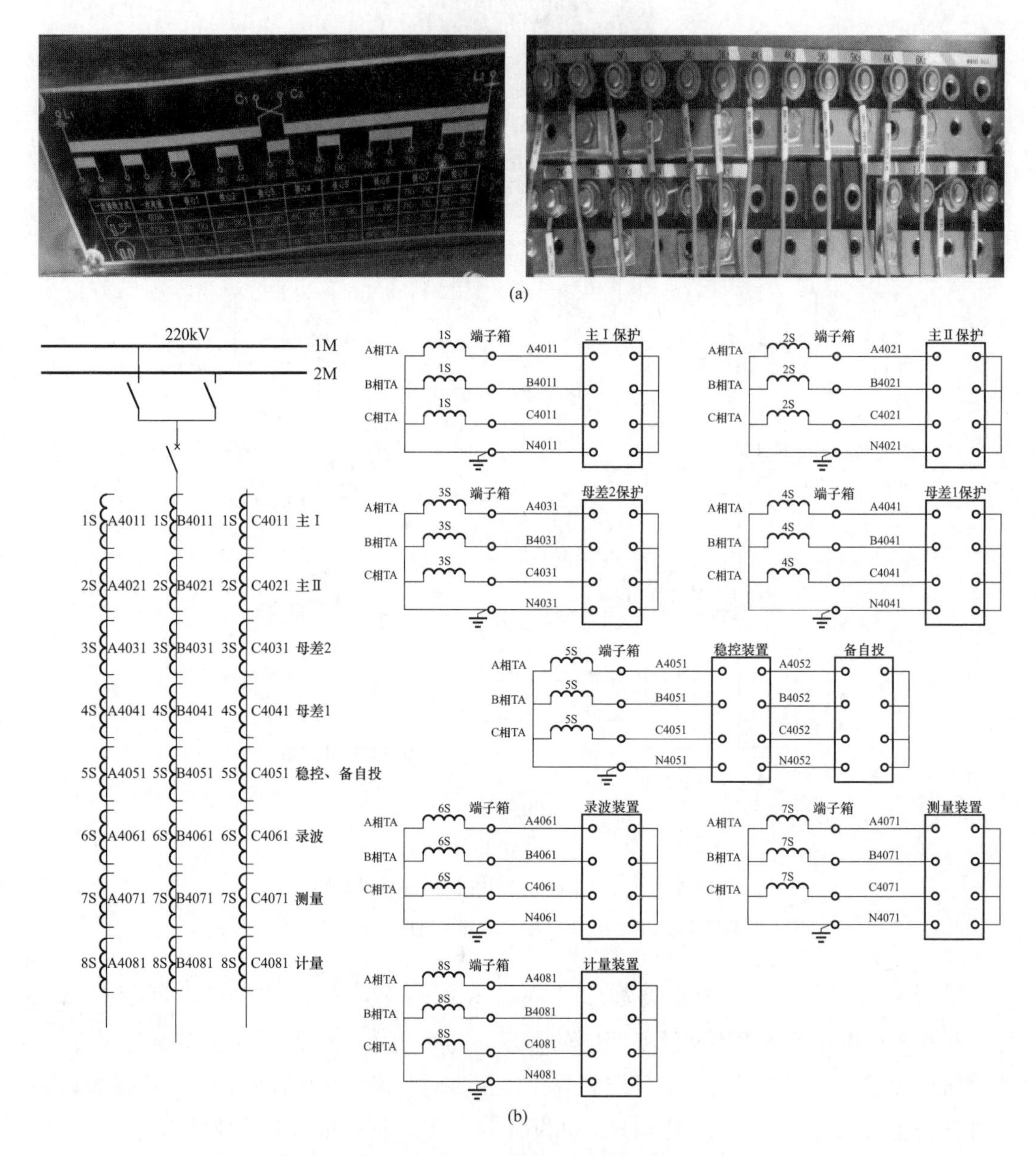

图 4-11 电流互感器二次绕组配置及回路原理示意图

(a) 二次绕组配置图；(b) 各组二次绕组电流回路走向图

【管控要点】

(1) 作业前在 TA 二次接线盒（柱）上或端子排处实施解除 TA 二次电流回路接线或断开 TA 二次电流回路等隔离措施，正确短接 TA 侧二次电流回路端子，并用绝缘胶布密封保护侧电流回路端子（见图 4-12）。

(2) 实施解除 TA 二次电流回路接线或断开 TA 二次电流回路等隔离措施时，严格

按照二次安全技术措施单进行详细逐项记录，临时解除的接线应用绝缘胶布及时包扎并固定，防止造成接地。

（3）作业中使用绝缘包裹良好的工器具。

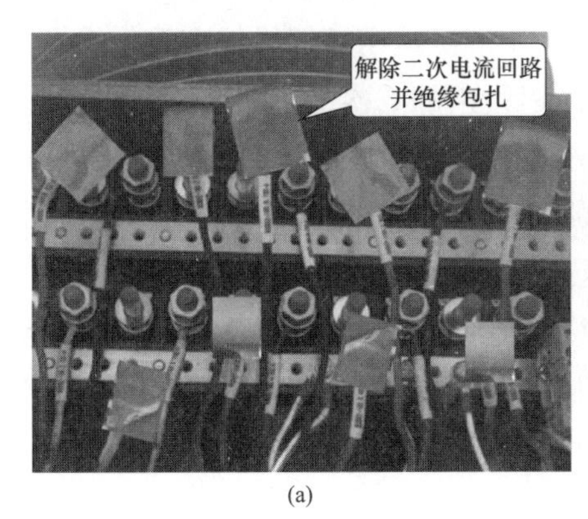

(a)

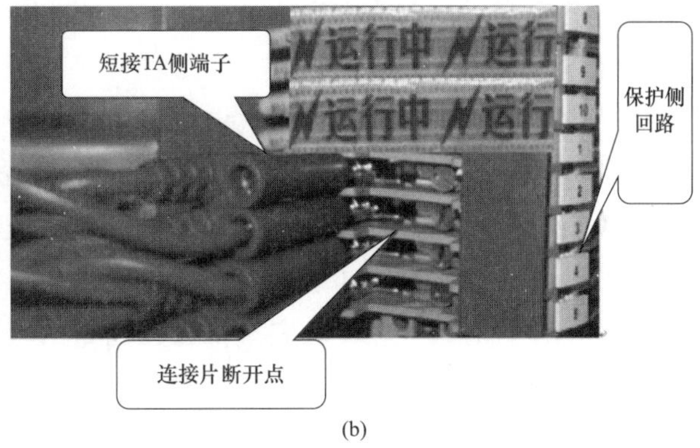

(b)

图 4-12　TA 二次电流回路隔离

（a）接线盒处接线并绝缘包扎；（b）端子箱内电流回路端子隔离

【例 4-2】 某 500kV 变电站开展综合自动化改造工程，施工单位计划对 500kV 第一串 5611 断路器本体电流回路二次线进行核查工作。工作人员在实施 5611 断路器 B 相汇控柜隔离措施时，将应打开的 41、42、43 号电流端子连接片误打开为 40、41、42 号电流端子连接片，监护人未及时发现，现场电流回路的隔离措施执行不到位，未能完全隔离与运行设备关联的所有电流回路。

在开展 C 相至 B 相汇控柜电流回路电缆芯线核对时，由于 500kV 第一串 5611 断路器 B 相汇控柜第五组电流（用于 500kV Ⅰ 组母线第二套母差保护）C 相电流端子连接片未正确打开（见图 4-13），施工人员错误采用干电池组成的“通灯”方法开展检查工作，误将试验量接入运行中的母差装置，造成 C 相电缆对 500kV Ⅰ 组母线第二套母差保护输入直流电流，引起母差保护动作。

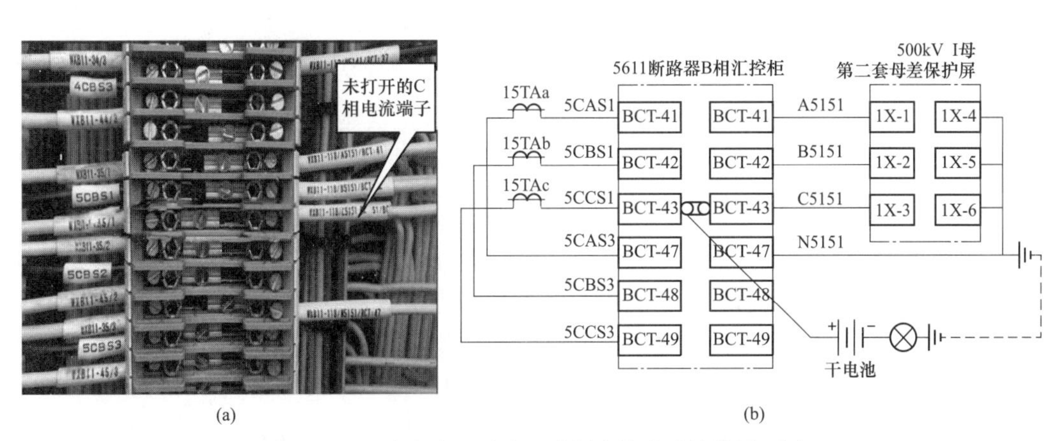

(a)　　(b)

图 4-13　二次电流回路未正确隔离情况及接线原理图

（a）二次电流回路未正确隔离情况；（b）接线原理图

3. 误断运行中的二次电流回路造成TA开路，可导致保护误动或拒动，存在人身和设备安全风险

电流互感器二次电流的大小由一次电流决定，正常运行中的电流互感器由于二次电流产生的磁通和一次电流产生的磁通互相去磁，使铁芯中的磁通密度能维持在较低水平，此时的电流互感器二次电压很低。如图4-14所示，当运行中的二次侧开路时，一次电流不变，而二次电流等于零，则二次电流产生的去磁磁通消失，一次电流全部变成励磁电流，使得电流互感器的铁芯严重饱和。磁饱和使铁损增大，TA发热，TA绕组的绝缘因过热而烧坏，同时在铁芯上产生剩磁，增大互感器误差。严重的磁饱和，使交变磁通的正弦波变为梯形波，在磁通迅速变化的瞬间，二次绕组上将感应出峰值可达几千伏甚至上万伏的电压，对人身和设备安全都存在严重的威胁，所以TA在任何时候都不允许二次侧开路运行。

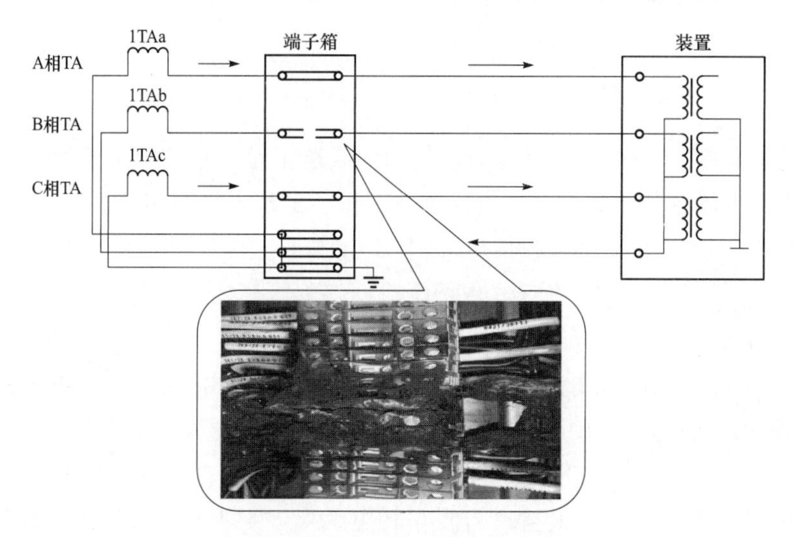

图4-14　电流互感器二次电流回路开路造成端子烧毁

【管控要点】

（1）作业前对非工作区域的二次电流回路及其端子排做好绝缘封闭隔离措施，根据工作需要预留开放工作对象及相关端子排区域，防止误碰、误断运行二次电流回路，如图4-15所示。

（2）在二次电流回路上作业，需要对运行中的二次电流回路进行临时断开时，严格执行二次安全技术措施单，进行详细记录并恢复。断开前使用专用短接片或短接线对TA回路进行正确短接（见图4-16），并使用专用钳形电流表对回路进行验电，确保短接正确可靠后再断开连接片，并用绝缘胶布密封保护侧电流回路端子。

【例4-3】 2013年，某换流站极二换流变压器因套管TA运维不到位，B相套管TA备用绕组电流回路开路（见图4-17）。在端子排断口处产生的高压引起自身及相邻的端子排烧毁，导致极二换流变压器第一套保护动作，使极二跳闸。

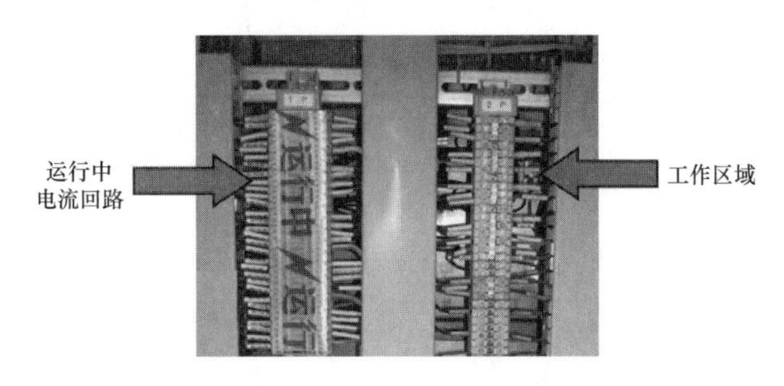

图 4-15 端子箱运行中 TA 二次电流回路隔离

图 4-16 端子箱运行中 TA 二次回路隔离短接

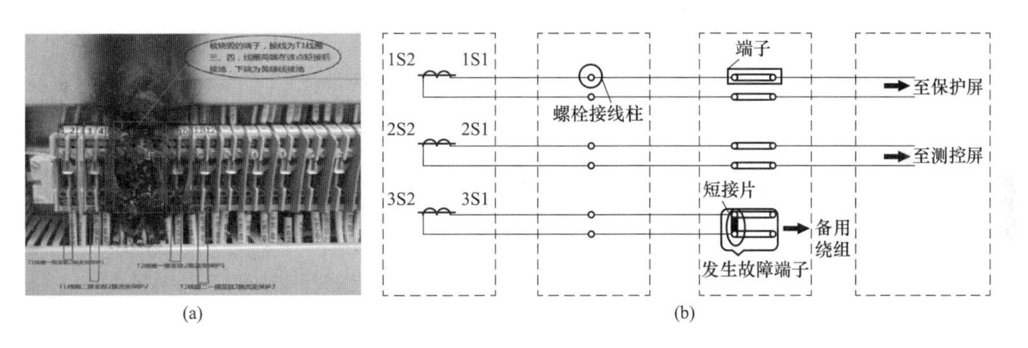

图 4-17 某换流站 TA 备用绕组电流回路开路

（a）实物图；（b）原理接线图

4. 作业过程中误短接二次电流回路，引起运行电流回路分流，存在保护误动或拒动风险

对于常见的 500kV 设备 3/2 接线方式，因边开关 TA 的二次电流回路参与入串的线路或主变压器保护的和电流，同时中开关 TA 的二次电流回路分别参与两侧入串的线路或主变压器保护的和电流。入串的线路或主变压器保护所采集的二次电流回路有电路直接联系，当其中一侧的开关 TA 在停电检修状态时，此时误短接停电 TA 二次电流回路造成运行侧 TA 电流回路分流，存在线路或主变压器保护误动的风险。如图 4-18 所示，检修中的三相 TA 二次绕组电流回路因误短接保护侧的二次电流回路端子，引起运行中 TA 的三相电流分流造成保护装置采样不正确，存在保护误动的风险。

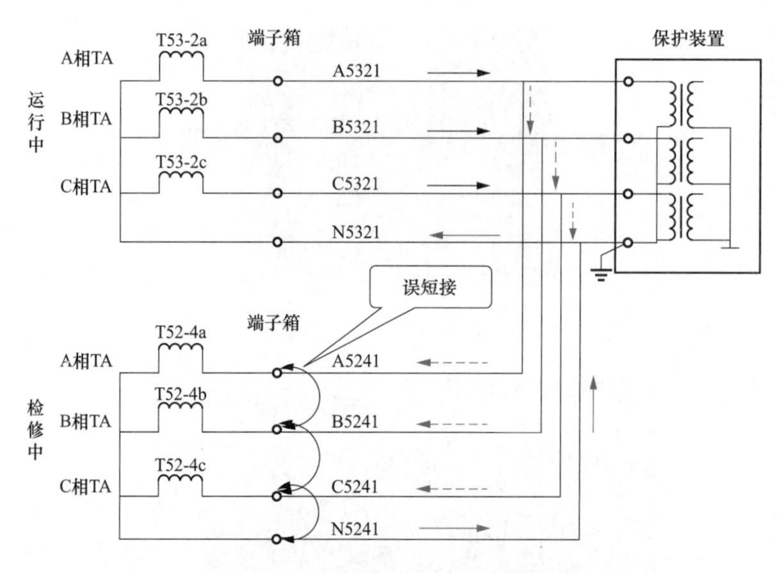

图 4-18　和电流回路短接分流示意图

【管控要点】

（1）在检修开关就地汇控柜或工作保护屏处均存在误短接风险，在执行安全隔离措施时应严格按照二次安全技术措施单进行详细逐项记录。

（2）作业前对非工作区域的二次电流回路及其端子排做好绝缘封闭隔离措施，根据工作需要预留开放工作对象及相关端子排区域，同时密封非工作侧电流端子。

（3）必须先使用钳形电流表确认待短接的电流回路已无电流，打开该电流回路端子连接片，再短接靠电流互感器侧端子，在汇控柜靠近保护侧的端子禁止短接（见图 4-16）。

（4）作业完成后，恢复时必须按照该二次安全技术措施单逐项执行，禁止漏项。

【例 4-4】 2016 年 1 月 7 日，某电厂维护人员开展 5722 断路器 TA 特性试验。执行安全措施时，在 5722 汇控柜处将 5722 断路器 TA 短路，大大降低了该回路阻抗，大幅分流 5721 断路器 TA 的负荷电流，导致流入 2 号主变压器差动保护 A 柜的电流减少，形成差流，导致差动保护误动作（见图 4-19）。

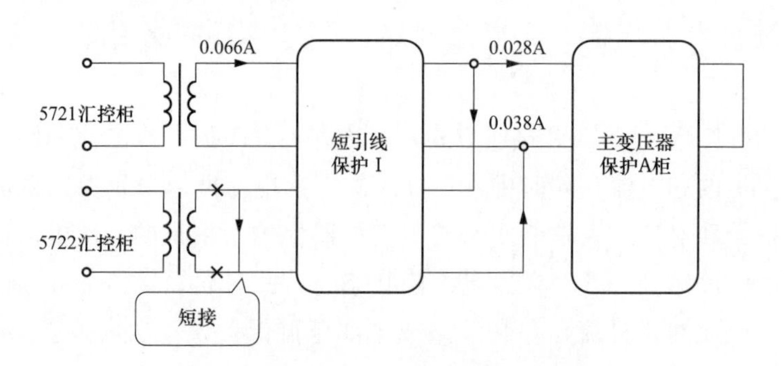

图 4-19　维护人员误短接操作示意图

5. 对已隔离的二次电流回路恢复不正确，造成二次电流回路极性错误或TA开路，可导致保护误动或拒动，存在人身和设备安全风险

由于电流互感器的铁芯在同一磁通作用下，一次绕组和二次绕组将感应出电动势，其中两个同时达到高电位的一端或同时为低电位的一端都称为同极性端。对电流互感器而言，一般采用减极性标示法来定同极性端。如图 4-20 所示，当一次绕组电流 i_1 瞬时由 L1 端流进时，二次绕组电流 i_2 同一时刻从 K1 端流出。因此，电流互感器的一、二次绕组之间存在极性关系，当电流互感器一次本体安装固定时，其一次绕组与二次绕组之间的极性端关系在系统中也就被固定，此时的二次电流回路接线必须根据现场的实际极性情况接入，否则二次电流回路的极性错误将产生差流或二次电流方向错误，直接影响保护、计量等装置的正常运行。

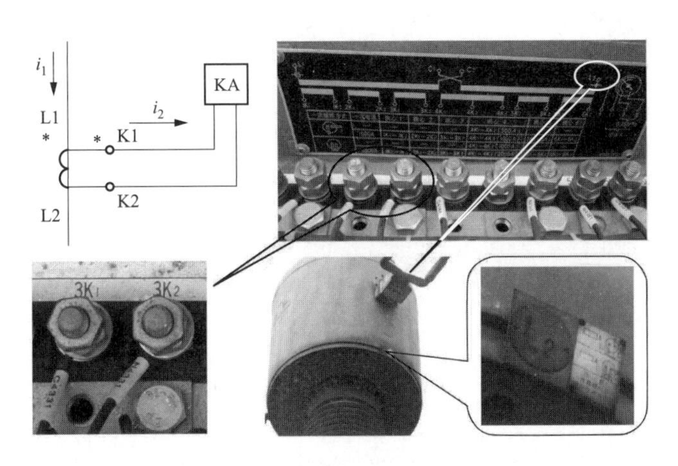

图 4-20　电流互感器的极性

因此，在电流互感器二次接线盒或端子箱处对临时解除接线的二次电流回路恢复接入时，必须正确接入相应接线柱或端子，避免因交叉接线造成二次电流回路极性错误（见图 4-21）。同时，恢复措施过程中应注意检查不存在因螺钉压到二次线绝缘皮造成回路接触不良、已断开的端子连接片遗漏恢复或接触不良等情况，避免造成 TA 回路开路。

【管控要点】

实施二次电流回路隔离措施时，严格按照二次安全技术措施单进行详细逐项记录，恢复时必须按照该二次安全技术措施单逐项执行，禁止漏项。

6. 变压器单侧间隔（包括变压器低压侧双分支接线中的某一分支间隔）检修状态下，主变压器差动等保护仍在运行，作业过程中误将试验量加入二次电流回路中，存在保护误动风险

如图 4-22 所示，变压器各侧电流互感器的不同二次绕组同时接入对应的保护装置中构成两套独立的主变压器保护。因检修工作需要，可能存在变压器单侧断路器及 TA 转检修，其他各侧保持运行的特殊方式。以图中 110kV 侧断路器及 TA 转检修状态为例，

此时变压器本体以及220kV侧和10kV侧一次设备正常运行，两套主变压器保护仍保持正常投运状态，实时采集各侧电流量。当检修作业过程中误将试验量经110kV侧二次电流回路加入至主变压器保护时，会引起保护电流采样产生差流等异常情况，存在保护误动的风险。

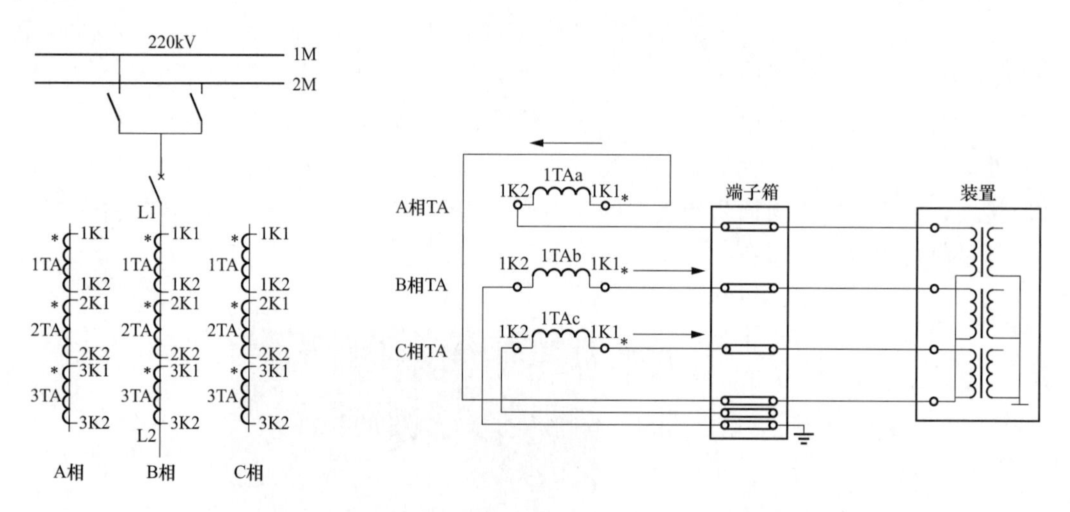

图4-21　A相TA接线柱绕组交叉接线二次电流原理图

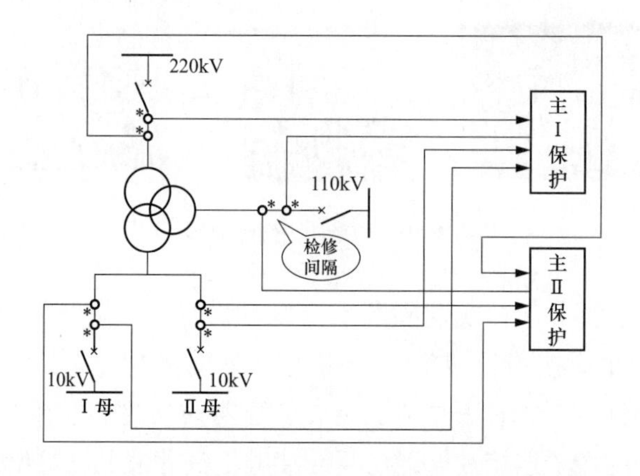

图4-22　带变压器低压侧双分支的三绕组变压器典型接线示意图

【管控要点】

（1）作业前在端子排处实施断开TA二次电流回路或解除TA二次电流回路接线等隔离措施，正确短接TA侧电流回路端子，并用绝缘胶布密封保护侧电流回路端子。

（2）实施断开TA二次电流回路或解除TA二次电流回路接线等隔离措施时，严格按照二次安全技术措施单进行详细逐项记录，临时解除的接线应用绝缘胶布及时包扎并固定，防止造成接地。

（3）作业中使用绝缘包裹良好的工器具。

7. 具备一次绕组串并联方式调整的电流互感器，未正确调整一次与二次绕组接线方式造成变比错误，存在保护不正确动作或设备运行异常风险

运行中的继电保护、安自装置、测量电能等二次设备串接在电流互感器二次绕组的电流回路中，实时采样的电流量实际为经过变换后的二次电流，而非直接采集一次电流量，因此电流互感器的变比直接关系到所有二次设备装置采样电流值的正确性。如图 4-23 所示，当一次绕组采用串联方式时，电流互感器的实际变比为 1000/1；当一次绕组采用并联方式时，电流互感器的实际变比为 2000/1。即该电流互感器在流过同样大小的一次电流值时，采用串联方式下的二次电流输出值是采用并联方式下二次电流输出值的两倍。所以同一型号及参数的电流互感器，一次绕组的接线方式选择不同，直接造成 TA 变比不一致，存在保护不正确动作或设备运行异常的风险。

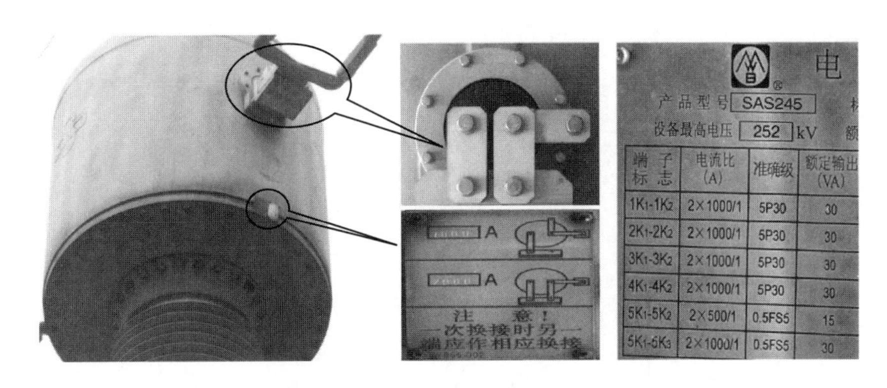

图 4-23　电流互感器一次绕组接线调整与变比关系图

【管控要点】

(1) 电流互感器本体更换前由相关专业共同确认原电流互感器变比使用情况，详细记录各组二次电流回路实际变比使用情况，如图 4-24 所示。

厂站名称	间隔	TA安装位置	一次结线方式(串联、GIS、套管、GIS)	TA一次额定电流	绕组抽头	准确级	容量	抽头对应变化	现用变化	绕组用途	与运行定值单变化是否一致	调整方式
220kV某某站	220kV某某甲线	4513断路器	GIS	2400	1S1-1S3	5P30	20	2400/1	2400/1	保护Ⅰ	是	
220kV某某站	220kV某某甲线	4513断路器	GIS	2400	2S1-2S3	5P30	20	2400/1	2400/1	保护Ⅱ	是	
220kV某某站	220kV某某甲线	4513断路器	GIS	2400	3S1-3S3	5P30	20	2400/1	2400/1	安稳系统	是	
220kV某某站	220kV某某甲线	4513断路器	GIS	2400	4S1-4S3	5P30	20	2400/1	2400/1	备自投/故障录波	是	
220kV某某站	220kV某某甲线	4513断路器	GIS	2400	5S1-5S3	5P30	20	2400/1	2400/1	母差2	是	
220kV某某站	220kV某某甲线	4513断路器	GIS	2400	6S1-6S3	5P30	20	2400/1	2400/1	母差1	是	
220kV某某站	220kV某某甲线	4513断路器	GIS	2400	7S1-7S3	0.5S	20	2400/1	2400/1	测控	是	
220kV某某站	220kV某某甲线	4513断路器	GIS	2400	8S1-8S3	0.5S	10	2400/1	2400/1	计量	是	

图 4-24　TA 台账目录

(2) 依据现场施工图纸及厂家资料，由相关专业共同核实新安装电流互感器一、二次绕组的接线方式符合变比要求，如图 4-25 所示。

(3) 作业过程中需临时隔离相关二次电流回路，严格按照二次安全技术措施单进行详细记录并恢复。

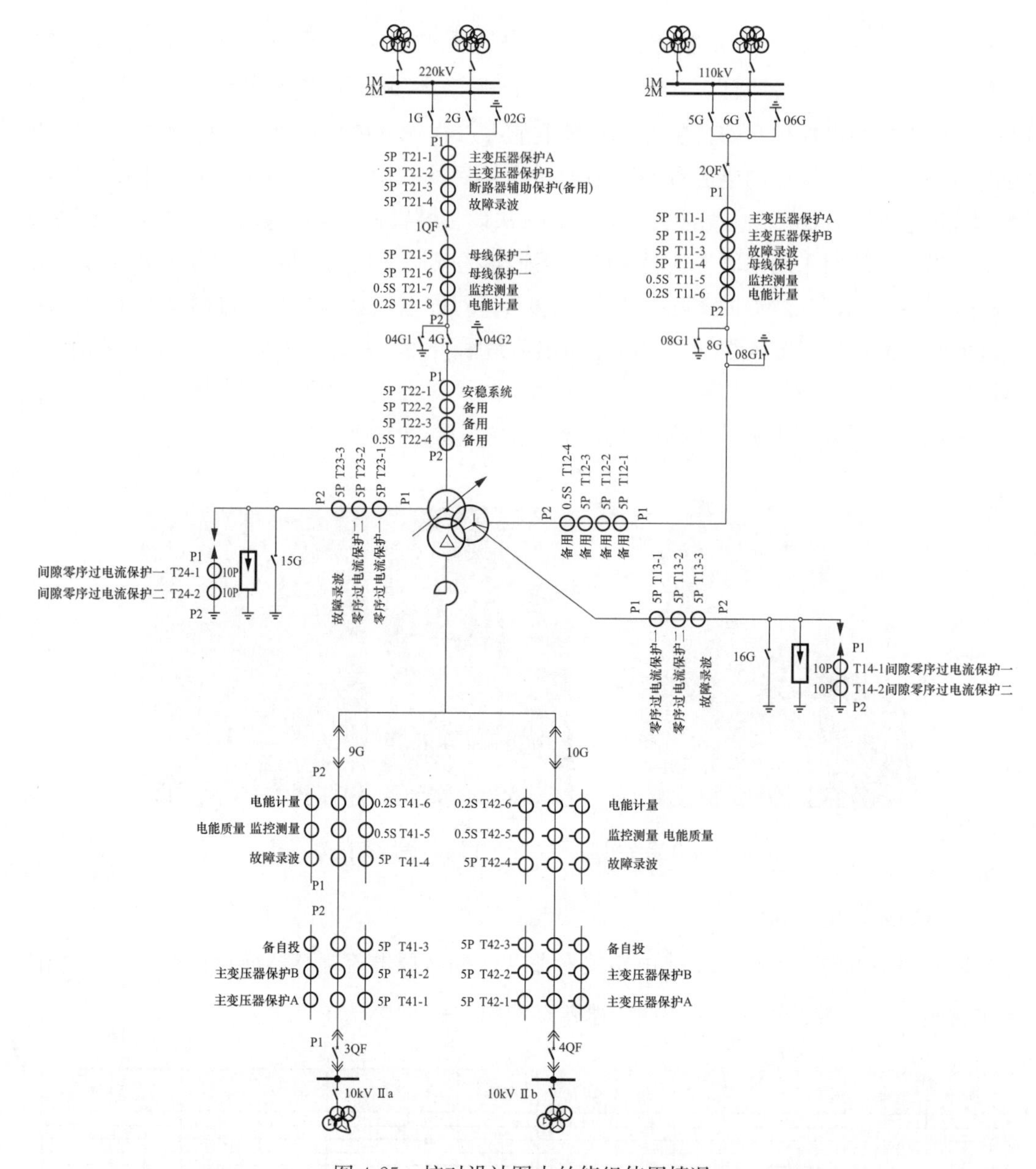

图 4-25　核对设计图中的绕组使用情况

（4）采用一次通流方式检测更换后的电流互感器二次电流输出情况，核算各组二次电流回路变比及极性与更换前使用情况一致，如图 4-26 所示。

8. 更换电流互感器涉及变比调整工作，相关二次设备未同步调整，存在保护不正确动作或设备运行异常风险

由于继电保护、安自装置、测量电能等二次设备正常运行中只能直接采集二次电流量，需要按照实际 TA 变比值通过预先设置或折算对应的装置参数值才能匹配电网系统的一次电流值。当电流互感器本体更换后变比发生改变时，即使所有二次电流回路及相

3号主变压器本体套管间隔:　　　　　　　　　　　　试验日期：2018年04月26日

组别及用途	回路编号	二次抽头	TA变比	一次值	二次值	一点接地点
后备保护	A4031	T2:S1-S3	600/1	60	0.101	3号主变压器本体端子箱
	B4031	T5:S1-S3			0.106	
	C4031	T8:S1-S3			0.099	
	N4031	S3-S3			0.01	
故障录波	A4032	T2:S1-S3			0.104	
	B4032	T5:S1-S3			0.102	
	C4032	T8:S1-S3			0.099	
	N4031	S3-S3			0.00	
测量	A4011	T3:S1-S4	600/1	60	0.104	3号主变压器本体端子箱
	B4011	T6:S1-S4			0.102	
	C4011	T9:S1-S4			0.099	
	N4011	S4-S4			0.01	
差动保护	A4021	T1:S1-S3	600/1	60	0.098	3号主变压器本体端子箱
	B4021	T4:S1-S3			0.099	
	C4021	T7:S1-S3			0.099	
	N4021	S3-S3			0.01	
零序过电流保护	LL411	T10:S1-S3	300/1	30	0.098	3号主变压器本体端子箱
	NL411	S3-S3			0.00	
零序录波	LL412	T10:S1-S3			0.104	
	NL411	S3-S3			0.01	

图 4-26　一次升流记录表

应接入的二次设备没有任何变动，因装置内与 TA 变比相关联的参数未及时调整，正常运行中无法真实反馈一次设备的实际电流情况，故也存在保护不正确动作或设备运行异常的风险。

【管控要点】

（1）项目实施部门按照有关管理规定做好变比调整相关资料报送及验收业务联系工作。按照上报时间节点要求提前填报 TA 变比定值单、保护定值单等申报资料，做好与继电保护、自动化、计量等专业的验收实施计划。

（2）继电保护、自动化、计量等专业按照 TA 变比定值单落实相关二次设备变比调整工作，在设备投运前完成相关调试验收。

（3）涉及变比调整后的所有保护、安自等装置（见图 4-27），必须根据相关调度部门下发的最新定值单正确执行相关定值。

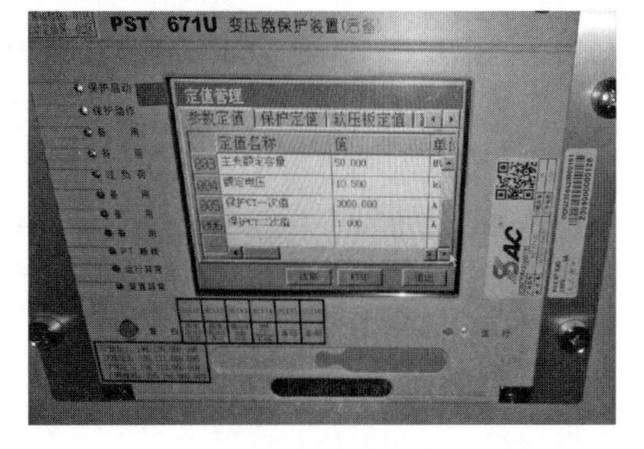

图 4-27　变比调整后的保护装置定值执行

9．TA 二次接线板安装恢复不当造成多点接地、分流或窜入电流，存在保护误动风险

电流互感器的二次接线板进行拆、装等作业时，由于接线板背部所接的绕组接线较

多，安装时由于受挤压等情况在狭小的空间内容易出现误碰的情况，且安装上的接线板背部处在TA接线盒内侧，无法直接观察接线情况是否良好，因此需要正确恢复二次接线板的接线并在安装后进行接地检查，避免出现多点接地造成分流或窜入电流，导致保护误动的风险。

【管控要点】

（1）检查TA二次接线板背面各接线柱回路紧固，不存在接线松动情况，各接线柱的接线间应预留一定空隙，防止造成回路短接或触碰外壳接地。

（2）TA二次接线板恢复固定后，逐一对每一接线柱进行绝缘检查。

10. TA二次回路绝缘检查，存在人身触电伤害风险

二次电流回路的绝缘检查，是保证电流回路不因绝缘问题引起保护、测量、计量等二次设备异常的重要检测手段。绝缘检查时，需要临时解开二次电流回路的唯一接地点，对整个二次电流回路加入1000V的交流电压，然后利用专用绝缘检查仪器测试被检回路对地或回路之间的绝缘水平是否合格。由于二次电流回路既连接电流互感器本体二次接线盒处，同时连接保护、测量、计量等各类二次设备，涉及的设备范围较广，因此当进行绝缘检查加入交流电压时，若未及时与回路对侧的检修、计量等相关作业人员沟通，则容易造成人身触电伤害的情况发生。

【管控要点】

（1）绝缘检查应安排专人监护，严禁单人操作。

（2）绝缘测试前，确认电流回路及相关设备上没有其他作业人员，同时与回路对侧的现场作业人员做好沟通，经双方确认同意后方可开展。

二、电压互感器

电压互感器是一种将一次设备的高电压按比例转换成二次低电压的特种变压器，经过高电压隔离后由其二次绕组连接输出供继电保护、自动装置和测量仪表获取一次设备实时电压信息。电压互感器实际上就是一种降压变压器，它的两个绕组在一个闭合的铁芯上，一次绕组匝数很多，并联接在电力系统中，额定电压与所接系统的母线额定电压相同；二次绕组匝数很少，继电保护、自动装置和测量仪表等负荷并联接在二次电压回路上。由于这些负荷的阻抗很大，通过的电流很小，因此，电压互感器的工作状态相当于变压器的空载情况。

如图4-28所示，每相电压互感器二次侧配置有三个绕组，分为测量绕组、保护绕组和剩余绕组。三相电压互感器的所有二次绕组经二次电缆配线至端子箱，其中测量、保护绕组二次接线采用星形接法在端子箱经隔离开关辅助触点和二次电压空气开关后分别接至保护室的TV接口屏；剩余绕组二次接线则采用开口三角形接法在端子箱经二次电压空气开关后单独接至保护室的TV接口屏。因此，电压互感器的二次接线盒（柱）及其相应端子箱内二次电压回路元器件、端子排区域属于重点的风险管控区域。

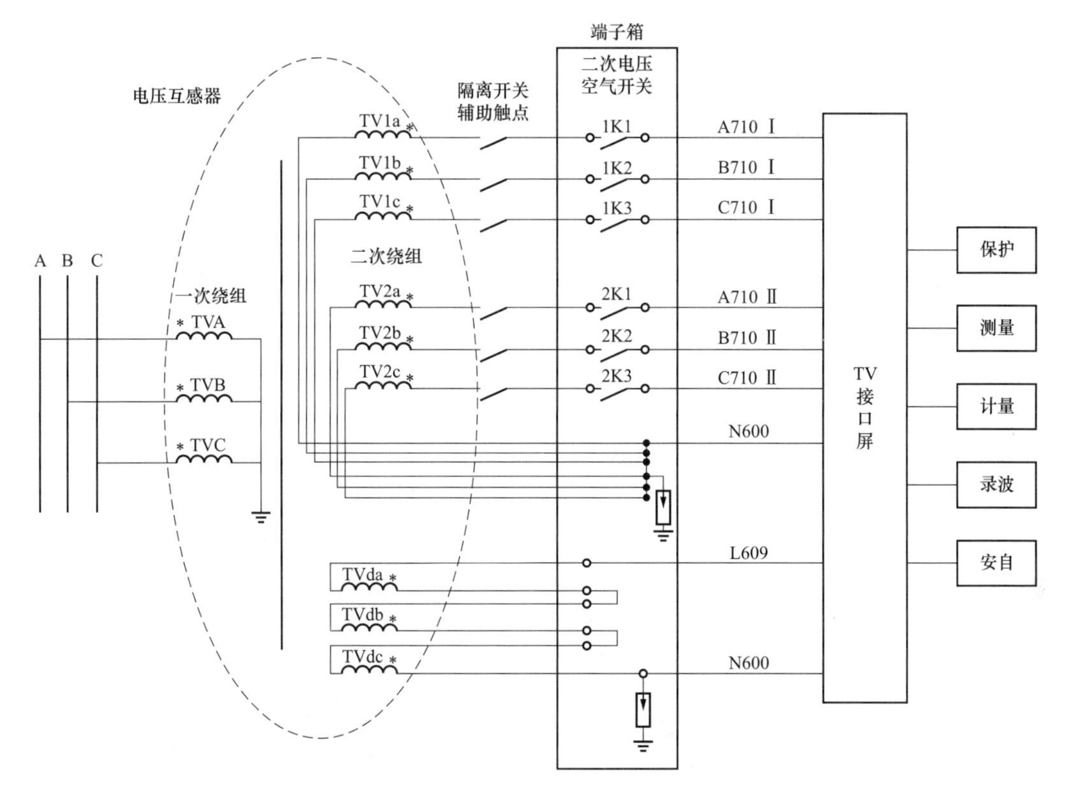

图 4-28　电压互感器典型二次回路接线示意图

1. 在电压互感器一次设备或二次回路上工作，误碰二次电压回路造成 TV 短路或二次电压回路多点接地，存在保护误动风险

如图 4-29 所示，正常运行时，电压互感器二次负载阻抗 Z_L 很大，由于电压互感器对二次系统相当于一个恒压源，因此此时通过的二次电流 I_2 很小。当电压互感器的二次侧运行中发生短路时，阻抗 Z_L 迅速减小到几乎为零，这时二次回路会产生很大的短路电流，直接导致二次绕组严重发热而烧毁；另外，由于二次电流的突然变大，而一次绕组匝数多，会产生很高的反电动势，加大了一、二次之间的电压差，足以造成一、二次绕组间的绝缘层被击穿，使得一次回路高电压引入二次侧，危及人身、设备安全。因此，严禁电压互感器二次侧短路。

如图 4-30 所示，来自开关场电压互感器二次绕组的四根引入线和电压互感器开口三角绕组的两根引入线应使用各自独立的电缆，并在控制室内一点接地。当二次电压回路发生两点（多点）接地时，会导致二次电压回路 N 线（即 N600）中性点电位偏移，进而导致各装置电压采样不准，使得保护的相电压和零序电压都将发生改变，情况严重时会影响距离保护和零序方向保护，造成保护不正确动作。所以电压互感器二次回路需严防多点接地的情况发生。

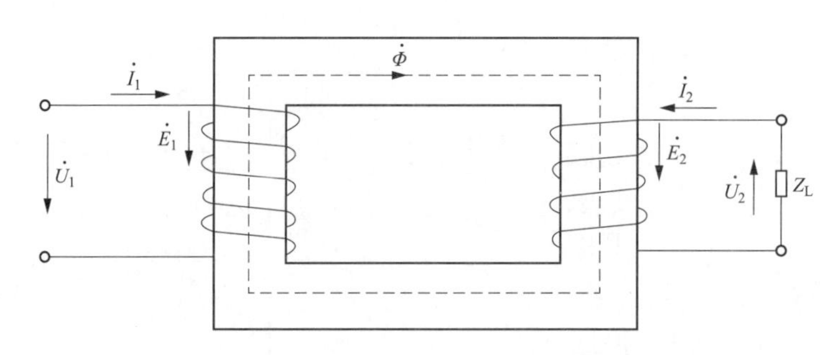

图 4-29　电压互感器的结构与基本原理

【管控要点】

（1）在临近 TV 回路区域（如 TV 接线柱、TV 端子排等）开展与二次电压回路无关的作业时，应使用绝缘包裹良好的工器具，并对 TV 接线柱、端子排等非工作区域做好绝缘隔离（见图 4-30），防止误碰 TV 二次回路造成多点接地。

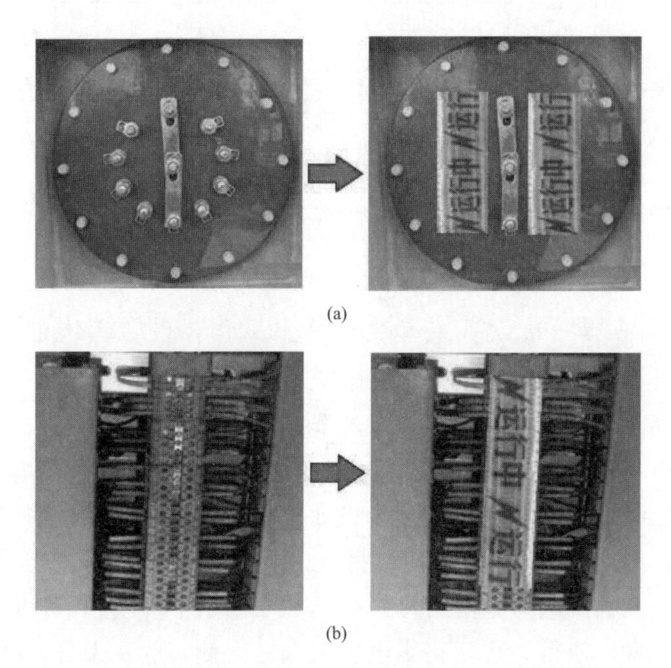

图 4-30　电压互感器二次电压回路封闭

（a）TV 接线柱；（b）二次电压回路

（2）实施断开 TV 二次电压回路或解除 TV 二次电压回路接线等隔离措施时，严格按照二次安全技术措施单进行详细记录并恢复，临时解除的接线应用绝缘胶布及时包扎并固定（见图 4-31），防止造成短路或接地。

（3）测量电压回路时按照测试内容正确选择万用表挡位，测量表笔金属裸露部位应采取绝缘包扎等措施（见图 4-32）。

图 4-31　临时解除电缆做好绝缘包扎

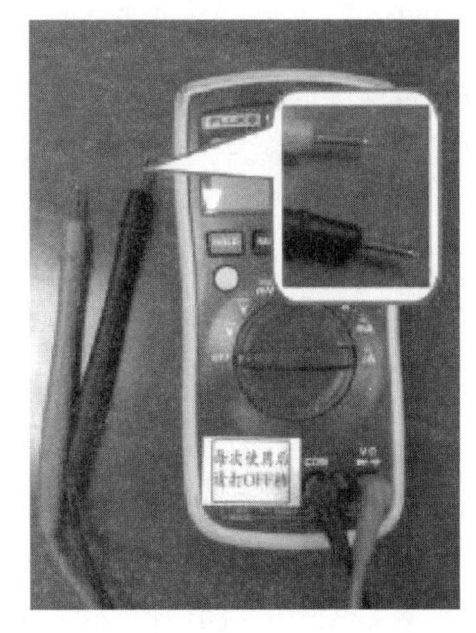

图 4-32　测量表笔绝缘包扎

2. 在电压互感器一次设备或二次回路上工作，作业过程中误将试验量加入二次电压回路中，存在保护误动风险

每一相电压互感器通过二次电缆接线经场地端子箱引至保护室的 TV 接口屏，通过并联接线方式向保护、安自、测量等所有二次设备实时提供该一次电气设备的运行电压信息。当电压互感器在停电状态时，并联在该二次电压回路上的所有二次设备仍在正常运行状态，特别是母差、稳控、备自投等装置同时关联着其他运行一次设备，因此在对电压互感器本体或其直接连接的一次设备上进行试验等可能使电压互感器二次绕组产生电压输出的检修工作前，必须对相应的二次电压回路进行有效的安全隔离，防止保护误动造成运行设备跳闸。

【管控要点】

(1) 进行电压互感器一次加压试验前，应采用断开空气开关、切除连接片或拆除接线等物理隔离措施（见图 4-33），严格按照二次安全措施单进行详细记录并恢复，临时解除的接线应用绝缘胶布及时包扎并固定，防止造成短路或接地。

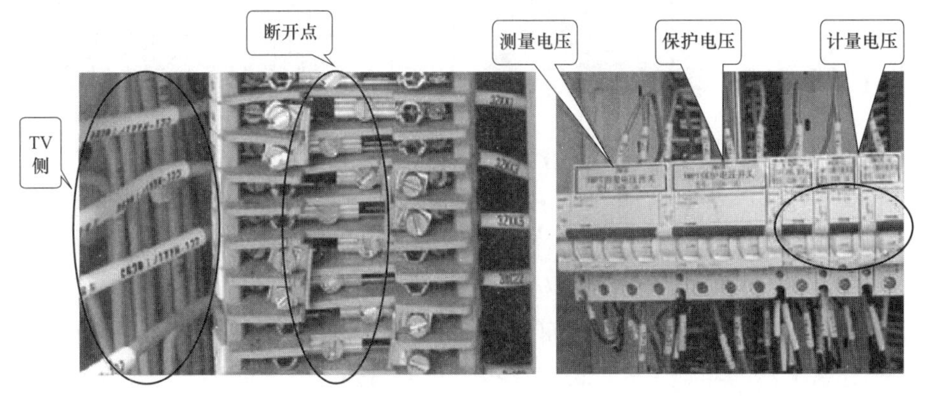

图 4-33　二次电压回路隔离

（2）通过电压互感器二次电压回路进行加量试验前，应采用断开空气开关、切除连接片或拆除接线等措施，实现TV至保护侧的二次回路物理隔离，严格按照二次安全措施单进行详细记录并恢复，临时解除的接线应用绝缘胶布及时包扎并固定，防止造成短路或接地。

（3）接入试验线前必须用万用表测量待接端子确无电压后才可进行，测量时应正确选择万用表电压挡位，测量表笔金属裸露部位应采取绝缘包扎等措施。

3. 误断运行中的二次电压回路或电压回路恢复不正确，存在保护误动风险

正常运行中的电压互感器，其输出的二次电压通过二次电缆经各个环节的空气开关及相应端子排形成闭环的二次电压回路，接入至保护、安自、测量的二次设备中实现各相电压的实时采集。当二次电压回路中任一环节出现中断或接线错误等异常情况时，会导致二次设备无法采集到正确的实时电压量，情况严重时可能造成保护不正确动作。

【管控要点】

（1）作业前对非工作区域的电压空气开关、二次电压回路及其端子排做好绝缘封闭隔离措施，根据工作需要预留开放工作对象及相关端子排区域（见图4-34），防止误碰、误断运行中的二次电压回路。

（2）采取TV二次电压回路的临时拆接线、断开连接片和空气开关等隔离措施，必须严格按照二次安全技术措施单进行详细记录并逐一恢复，禁止漏项。临时解除的接线应用绝缘胶布及时包扎并固定，防止造成短路或接地。

（3）一次设备合闸送电前，必须核实对应所有电压空气开关已正确投入（见图4-35），确认无误后再操作送电。

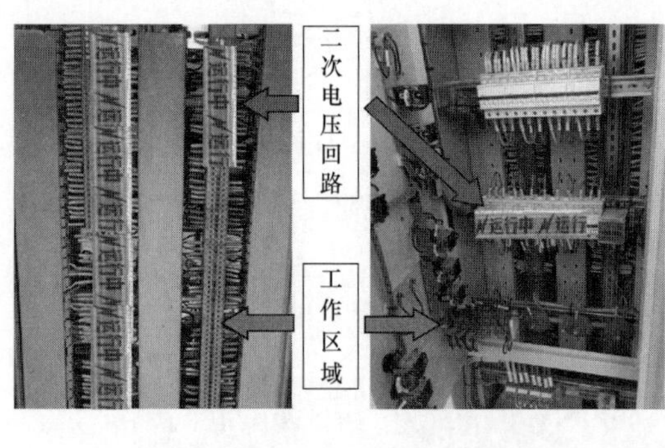

图4-34　运行中电压回路封闭

图4-35　端子箱中电压空气开关

【例4-5】 某500kV变电站值班人员按调度令开展2号主变压器由检修转运行操作。在执行到操作票第77项“合上500kV第二串联络5022断路器”对2号主变压器进行充电时，5022断路器合闸后发生跳闸。检查相关一、二次设备状态，发现2号主变压器高压侧电容式电压互感器（CVT）端子箱内的二次空气开关在分闸位置，对照操作票发现“合上2号主变压器高压侧CVT二次保护电压空气开关（2MCB、3MCB）”的步骤在“合上500kV第二串联络5022断路器”之后，如图4-36所示。经分析，由于2号主变压

器高压侧 CVT 的二次电压回路是通过 CVT 二次保护电压空气开关输入到 2 号主变压器保护装置的，所以当未合上空气开关时，2 号主变压器保护装置无法采集到 CVT 的二次电压，保护装置测得的三相阻抗始终为 0，达到相间阻抗 I 段 1 时限动作值，2 号主变压器保护高压侧相间阻抗 I 段 1 时限动作，经 0.5s 延时后跳开 2 号主变压器 5022 断路器。

操作√	顺序	操 作 项 目
	74	合上66kV #2BM 62BTV隔离开关
	75	检查66kV #2BM 62BTV隔离开关三相在合上位置
	76	在66kV #2BM 62BTV端子箱：
		1)断开隔离开关、接地开关控制电源空气开关ZK
		2)断开隔离开关、接地开关电机电源空气开关1ZK
	77	合上500kV第二串联络5022断路器
	78	检查500kV第二串联络5022断路器三相在合闸位置
	79	在500kV第二串联络5022断路器1M侧50221隔离开关充电30min后：检查500k
		上接1600149号操作票
		V第二串联络5022断路器1M侧50221隔离开关气室正常
	80	在2号主变压器高压侧CVT端子箱：
		1)测量二次电压正常
		2)合上2号主变压器计量电压空气开关1MCB
		3)合上2号主变压器主二保护电压空气开关2MCB
		4)合上2号主变压器主一、录波保护电压空气开关3MCB
		5)合上抽取电压Sa空气开关4MCB

(a)

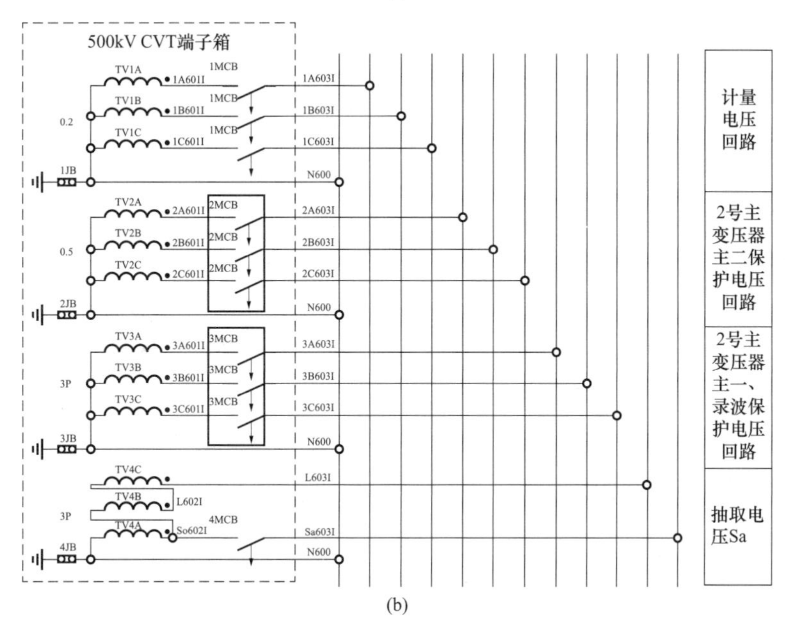

(b)

图 4-36　主变压器高电压空气开关操作及二次电压回路

(a) 操作票；(b) 主变压器高压侧 CVT 二次电压回路图

4. 在电压互感器二次回路上的作业过程中加入试验量，存在电压反送电至一次设备风险

通过电压互感器二次侧向不带电的母线充电称为反充电。如220kV电压互感器，变比为2200，停电的一次母线即使未接地，其阻抗（包括母线电容及绝缘电阻）虽然较大，但从电压互感器二次侧看到的阻抗近乎短路，故反充电电流较大（反充电电流主要取决于电缆电阻及两个电压互感器的漏抗），将造成运行中电压互感器二次侧空气开关跳开或熔断器熔断，使运行中的保护装置失去电压，可能造成保护装置的误动或拒动。

电压互感器二次回路中串有隔离开关辅助触点，经电压空气开关或熔断器后接入相应二次设备。当电压互感器（TV）所接母线停电，但TV隔离开关并未拉开时，辅助触点也就没有断开其二次回路。此时试验人员在TV二次回路工作，如给电压继电器加压，如果不做好安全措施（拉开二次熔断器或自动开关、断开继电器对外连线），这样所加电压就按TV变比倒送到停电母线上。因此在电压互感器停用或检修时，既需要断开电压互感器一次侧隔离开关，同时又要切断电压互感器二次回路。否则，当在测量或保护回路加电压试验时，有可能二次侧向一次侧反送电，即反充电，在一次侧引起高电压，造成人身和设备事故。

【管控要点】

（1）电压互感器一次设备停电时，必须拉开一次侧隔离开关，断开一、二次熔断器或二次电压空气开关。

（2）在保护、安自、测控等二次设备电压回路上工作前，必须采取正确断开二次电压空气开关、电压端子连接片或解除二次电压回路接线等安全隔离措施，严格按照二次安全技术措施单进行详细记录并逐一恢复，禁止漏项。临时解除的接线应用绝缘胶布及时包扎并固定，防止造成短路或接地。

三、变压器

变压器是变电站的主要设备之一。变压器的作用是多方面的，不仅能升高电压把电能送到用电地区，还能把电压降低为各级使用电压，以满足用电的需要。变压器由绕在同一铁芯上的两个或两个以上的绕组组成，绕组之间通过交变磁场联系并按电磁感应原理工作。主变压器主要由以下六部分组成：

（1）器身。器身直接进行电磁能量转换，它由铁芯、绕组、引线及绝缘等组成。

（2）油箱和箱盖。主要由箱体、箱盖、箱底、附件（如50活门、油样活门、放油塞、接地螺栓等）组成。

（3）保护装置。主要由储油柜、油表、净油器、流动继电器、吸湿器、信号式温度计等组成。

（4）冷却系统。主要由冷却器、潜油泵、通风机（与牵引电动机共通风机）组成。

（5）出线套管。由25/300穿缆式套管和BF-6/2000、BF-1/1000、BF-l/600、BF-1/

300 五种套管组成。

（6）变压器油。其中保护装置与冷却系统涉及一、二次专业的工作范畴，所以也是主要的风险点。

风险区域：变压器本体辅助部件（包括主变压器冷却系统、气体继电器、调压装置、滤油装置、油泵、呼吸器、温度控制器等）、主变压器套管 TA、主变压器本体端子箱。

1. 采用强迫油循环方式的变压器，主变压器冷却控制系统全停或引起冷却控制系统工作电压全失（包括临时退出冷却控制系统全部工作电源），存在运行主变压器跳闸风险

冷却控制系统失电是指变压器在正常运行过程中，其冷却器控制回路电源消失，保护装置将根据变压器运行温度是否达到规程规定而发出跳闸指令或发出报警保护信号。如果变压器冷却控制系统失电，则对于正常运行的主变压器，在完全没有冷却的情况下，会造成运行中的变压器温度迅速升高，影响变压器绝缘。在此状况下，变压器满负荷运行最多只能运行 1h（大多为 20～30min），将严重影响主变压器的安全运行。此时，变压器保护装置将根据变压器运行温度是否达到规程规定而发出跳闸指令或发出报警保护信号。

【管控要点】

（1）在主变压器冷却控制系统处进行风险提示标识，如粘贴“冷却控制系统全停，存在运行主变压器跳闸风险”标签，如图 4-37 所示。

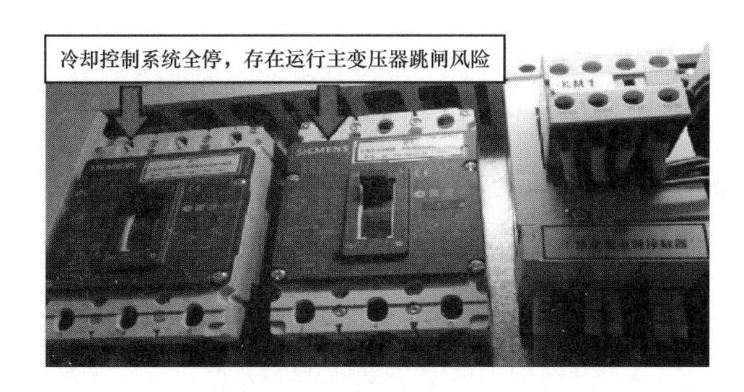

图 4-37　冷却控制系统总电源

（2）根据工作需要，工作前经申请调度同意临时退出主变压器冷却控制系统，全停相关跳闸出口连接片（见图 4-38），工作过程中安排专人关注主变压器温升情况，采取必要降温措施。

2. 主变压器本体及其辅助部件（气体继电器、调压装置、滤油装置、油泵、呼吸器等）的相关工作产生气体、油流等情况，存在本体/有载重瓦斯动作跳闸风险

【管控要点】

（1）作业前落实退出“本体重瓦斯”或“有载重瓦斯”功能连接片的防误措施（见图 4-39）。

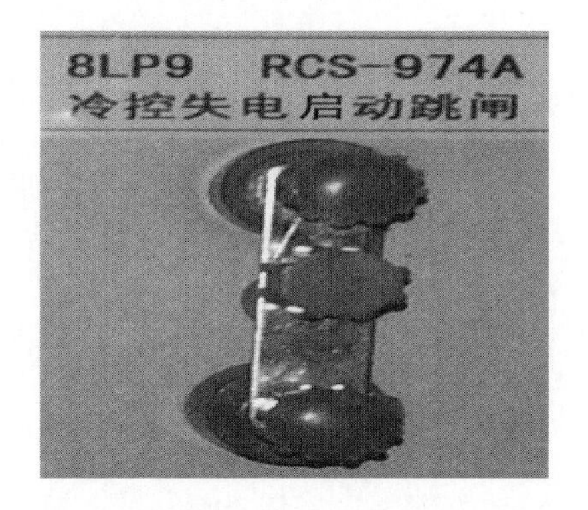

图 4-38 冷却控制系统失电跳闸出口连接片

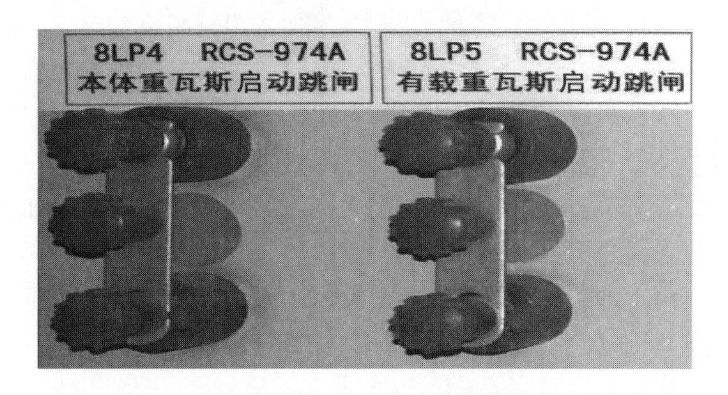

图 4-39 重瓦斯跳闸出口连接片

（2）工作结束后恢复投入“本体重瓦斯”或“有载重瓦斯”连接片前，核实无任何瓦斯动作信号或瓦斯动作信号已手动恢复。投入连接片前应使用万用表测量连接片电位，确认连接片两端无异极性电位后方可投入。

3. 主变压器本体绕组温度控制器（匹配器）接入主变压器套管 TA 电流回路，工作中存在误断运行二次电流回路或未正确恢复二次电流接线造成 TA 开路风险

如图 4-40 所示，主变压器本体绕组温度控制器（匹配器）需接入主变压器 B 相套管 TA 二次绕组，通过采集主变压器的实际运行电流实现对主变压器绕组温度的监控。虽然该回路独立提供给绕组温度控制器使用，不影响其他二次设备的运行，但涉及该主变压器本体绕组温度控制器（匹配器）的工作，不管主变压器是否停电，都会存在误断二次电流回路或未正确恢复二次电流接线造成 TA 开路的风险。

【管控要点】

（1）作业前对绕组温度控制器（匹配器）内的二次电流回路做好明显绝缘封闭隔离，防止误断二次电流回路。

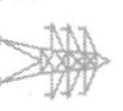

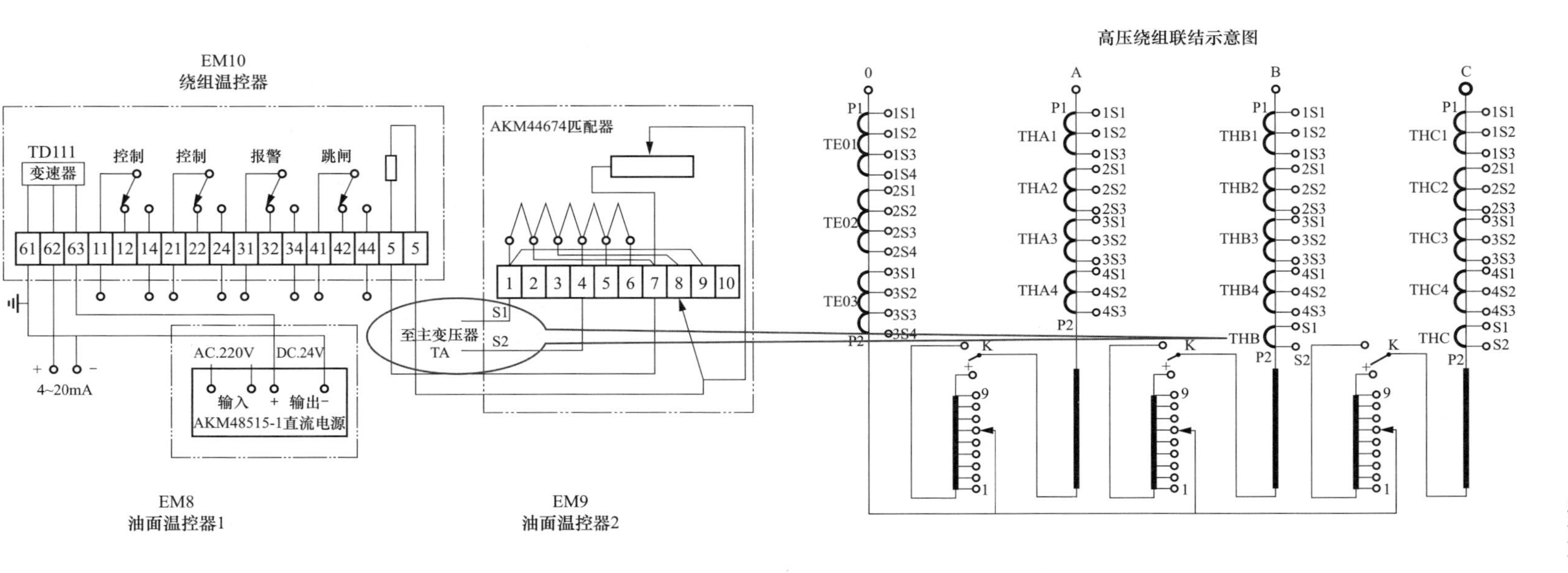

套管电流互感器（执行标准：GB/T 20840.2—2014）						
型号	位置	电流比(A)	准确级	负荷(VA)	接线端	用途
LR-220	THB	750/2	0.5	15	S1-S2	绕组温控器

图 4-40　绕组温度控制器的电流回路图

（2）在主变压器本体绕组温度控制器（匹配器）上作业需要对运行中的二次电流回路临时断开时，严格按照二次安全技术措施单进行详细记录并恢复。断开前使用专用短接片或短接线在主变压器本体端子箱处对套管TA侧回路进行正确短接，并使用专用钳形电流表对回路进行验电，确保短接正确可靠后再断开连接片，临时解除的接线应用绝缘胶布及时包扎并固定，防止造成接地。

4. 冷却系统、本体表计、汇控柜、本体端子箱等设备区域内存在大量的运行元器件及交直流二次回路，工作中误碰、误接等情况引起继电器等元器件误动、直流接地或交流串入直流，存在设备误动风险

变压器本体辅助部件（包括主变压器冷却系统、气体继电器、调压装置、滤油装置、油泵、呼吸器、温度控制器等）均通过二次电缆回路的连接后集中在本体端子箱或汇控柜进行配线，实现与保护、测量、计量等设备的实时监控，特别是对于油泵、风扇等冷却系统设备，其动力系统采用交流回路，而监控系统则采用直流回路，存在交直流共有的情况，因此上述区域内存在着大量的电流、控制、信号、交直流电源等回路及相关元器件。无论变压器是否运行，上述元器件及回路均实时连接着其他运行设备，因此在未有效落实相关管控措施的情况下，作业过程中因误碰、误接等情况造成空气开关、继电器等运行元器件的误动、直流系统接地或交流串入直流系统等情况，存在运行设备误动的风险。

【管控要点】

（1）作业前对箱内非工作区域的元件、回路及其端子排做好绝缘封闭隔离措施，根据工作需要预留开放工作对象及相关端子排区域，如图4-41所示。

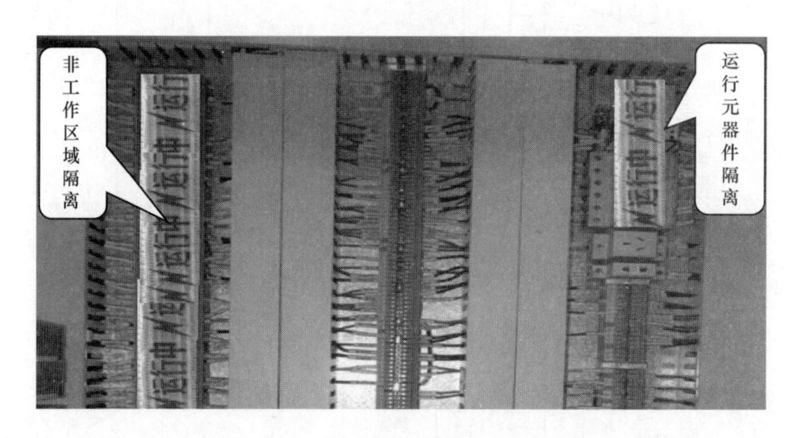

图4-41　主变压器端子箱工作区域隔离

（2）回路接入作业应严格按图施工，接入前核实所接回路及端子编号与图纸设计一致。

（3）拆接线必须严格按照二次安全技术措施单进行详细记录并逐一恢复，禁止漏项。临时解除的接线应用绝缘胶布及时包扎并固定，防止造成短路或接地。

（4）拆接二次回路前应确认回路已无电压后方可进行。对于无法断电或必须带电拆接的二次回路，必须做好绝缘包扎固定等防止误碰的措施。

（5）对于需同时解除的交流、直流回路，无论回路是否带电，必须做好交直流回路独立隔离、绝缘包扎等措施，防止交流串入直流系统。

【例 4-6】 某 500kV 变电站 1 号主变压器 C 相绕组温度高保护动作，跳开 1 号主变压器三侧断路器，跳闸原因是 C 相低压绕组温度计“绕温高跳闸（K4）”凸轮固定螺钉因表计触点校验时未拧紧（正常情况下不影响设备运行）。如图 4-42 所示，热工专业人员在检查完毕恢复 C 相低压绕组温度计表盖（温度计安装在变压器本体）时，误碰表计凸轮导致“绕温高跳闸（K4）”动作值降低，同时表计指针摆动引起绕组温度高跳闸触点导通。

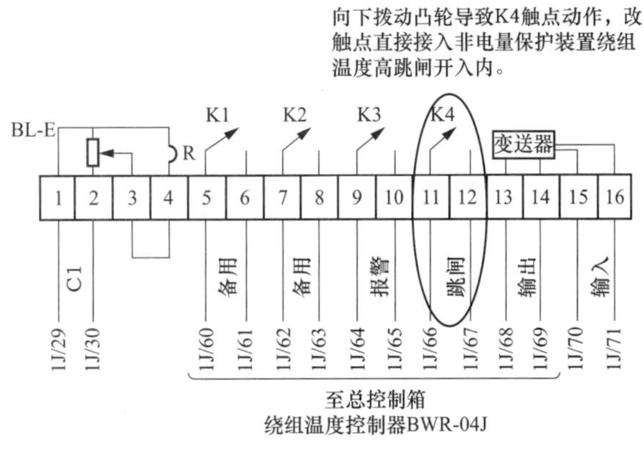

图 4-42　误碰导致定值设定值降低

5. 进行主变压器保护定检等试验工作时未正确隔离风冷系统启动回路，存在误启动主变压器本体风扇造成人身伤害风险

主变压器冷却器启动方式分自动启动和手动启动两种，其中自动启动有电流控制（过负荷启动）、油面温度控制、绕组温度控制三种情况，如图 4-43 所示。

主变压器保护定检试验时，假设安全措施有疏漏，未退出过负荷启动风冷的功能连接片，同时冷却器控制及风扇电动机电源未断开，在保护调试，验证高压侧、中压侧过负荷启动风冷保护功能时，都会真实启动冷却器风机，可能对主变压器冷却器风机工作的人员造成人身伤害。

在更换主变压器油温表或绕组温度表后，校验油温表或绕组温度表动作值时，非电量保护装置收到相应的温度高启动风冷系统信号动作出口，假设冷却器控制及风扇电动机电源未断开，当风机启动时，可能误伤其他工作人员。

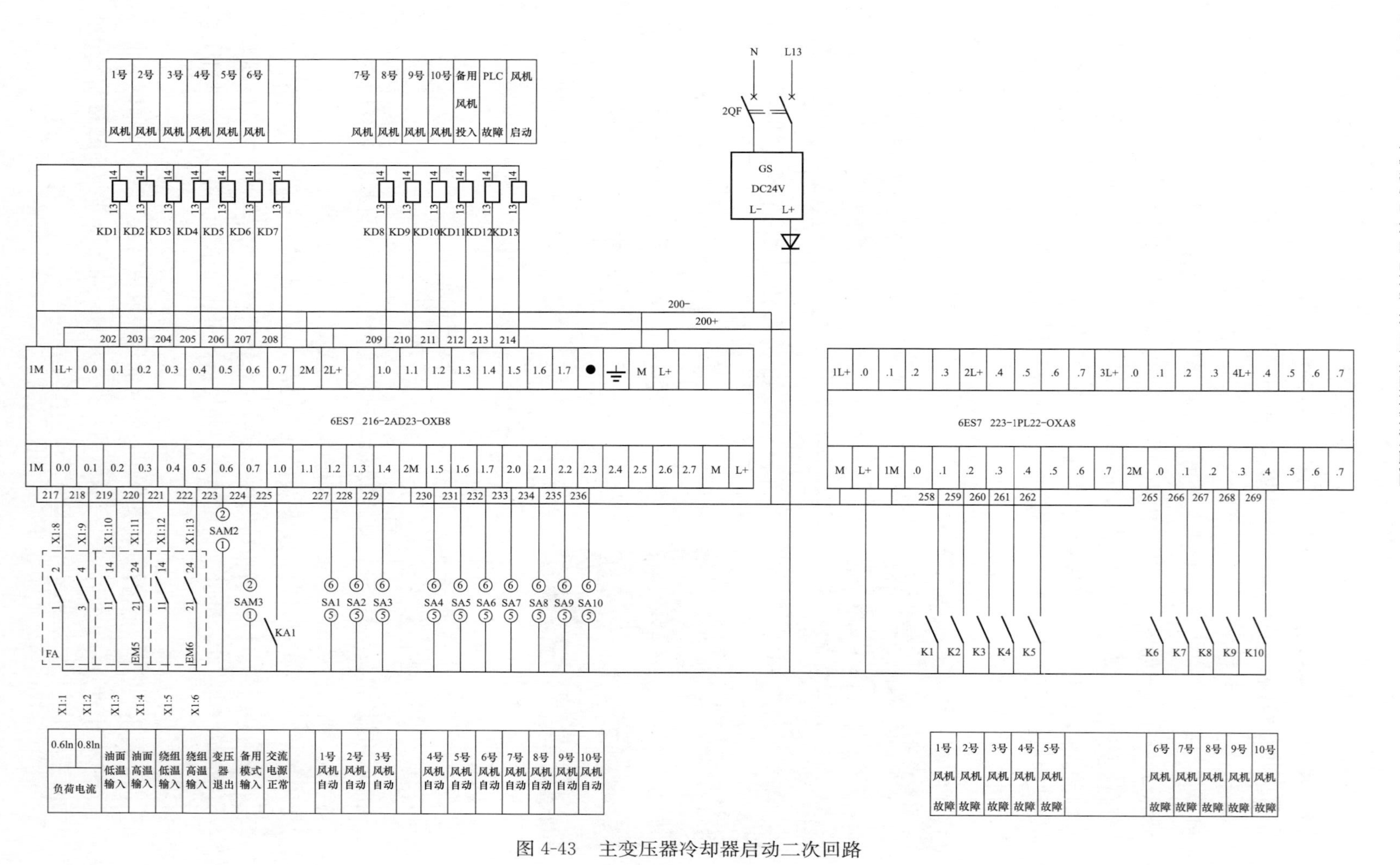

图 4-43 主变压器冷却器启动二次回路

【管控要点】

（1）工作前做好安全措施，严格按照二次安全技术措施单进行详细记录并逐一恢复，禁止漏项，退出过负荷启动风冷系统的连接片（根据现场配置情况）并密封。

（2）将主变压器冷却器控制方式切换至手动控制模式。

（3）作业前退出主变压器冷却器控制电源及风机电源空气开关并密封，作业完成后正确恢复。

6. 储油柜未配置独立注放油管的主变压器不停电补油作业，存在有载重瓦斯保护跳闸风险

储油柜未配置独立注放油管的变压器不停电补油作业，有载开关补油路径为“注油管→有载开关顶盖→有载开关本体→有载开关气体继电器 →有载开关储油柜”油路结构情况下，若从注油管进行补加油，油流将从有载开关顶盖向有载开关储油柜方向涌动，其方向与重瓦斯保护动作原理相同，如图 4-44 所示。

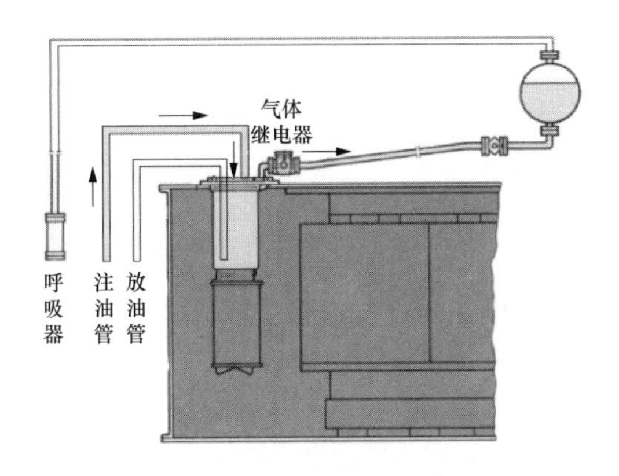

图 4-44　有载开关补油路径

【管控要点】

（1）应将储油柜的注油阀、吸湿器、气体继电器集气装置、有载调压开关的注油阀和排油阀引到离地面 1.3～1.5m 高度，便于运行中补油、更换吸湿剂、检查瓦斯气体。

（2）分接开关储油柜应设置独立注放油管。

（3）变压器在运行中滤油、补油、换潜油泵时，应将其重瓦斯改接信号，此时其他保护装置仍应接跳闸。

（4）将有载调压开关“自下而上”补油方式改为“自上而下”补油方式，在靠近储油柜位置加装注油管道（即油路结构为注油管→有载开关储油柜→有载开关气体继电器→有载开关本体，此时油流涌动方向与重瓦斯保护动作方向相反），避免补油油路流经气体继电器，减少气体继电器误动风险。对于新采购主变压器，严格落实技术规范书要求，在有载分接开关储油柜处设置注油管，从源头上杜绝类似隐患。

（5）在相应主变压器保护屏按复归按钮复归相应动作信息，确认无轻瓦斯、本体重

瓦斯、有载重瓦斯非电量保护动作灯或装置动作报文，确认后台监控机相应报文已复归。

（6）投入功能压板有载重瓦斯跳闸压板或本体重瓦斯跳闸压板前，应核查压板各端对地无异电压。

四、断路器

10kV及以上电压等级的断路器采用弹簧压力或气体压力作为动力储能，经分闸线圈或合闸线圈启动，撞针撞向脱扣器使储能装置放能产生动力，瞬时推动断路器做分闸或合闸动作。如图4-45所示，分闸线圈、合闸线圈串联在二次控制回路中，控制回路串联分、合闸启动触点，分、合闸启动触点是继电器的一些动合触点，当继电器线圈经控制把手、保护装置、测控装置等设备接通电源得电后，动合触点闭合，分、合闸启动触点也就闭合，从而使分闸线圈或合闸线圈的二次控制回路接通，分、合闸线圈产生磁场推动撞针撞向储能装置使其放能，断路器随之做分闸或合闸动作。

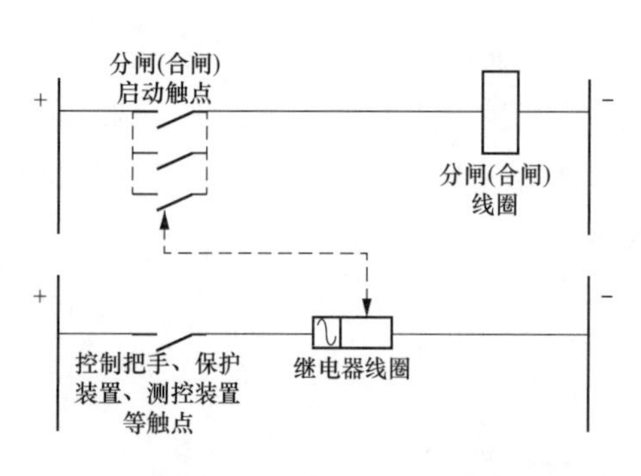

图4-45 断路器控制简化图

因此，断路器动作的流程：控制把手（保护装置、测控装置等）触点闭合→继电器线圈得电→分闸（合闸）启动触点闭合→分闸（合闸）线圈得电，撞针推动储能装置放能，断路器动作分闸（合闸）。

如果跳步执行上述流程，也会使断路器动作，如在没经继电器线圈接通电源的情况下，分闸（合闸）启动触点被闭合，使分闸（合闸）线圈得电，断路器也会动作；没有经分闸（合闸）线圈得电吸合并推动撞针，人为用力推动撞针，断路器也会动作分闸（合闸）。

1. 保护定检等工作未正确隔离分、合闸出口回路，存在断路器本体分、合闸动作时造成人身伤害风险

保护装置的分、合闸回路均经过独立的分、合闸出口连接片接入断路器机构相应回路中，是串联在分、合闸控制回路上的一个可直观判断闭合还是断开的物理触点。继电保护专业在保护定检工作中，除检验保护装置外，同时需要在高压场地对断路器机构二次回路进行检验，此外检修等各类专业的工作人员也会结合停电安排对断路器本体及机构开展相应的检修维护工作，存在多组工作班人员交叉作业的情况。因此在保护装置定检等工作中涉及断路器分、合闸的试验，需要做好隔离措施，不能造成断路器本体随意分、合闸。如图4-46所

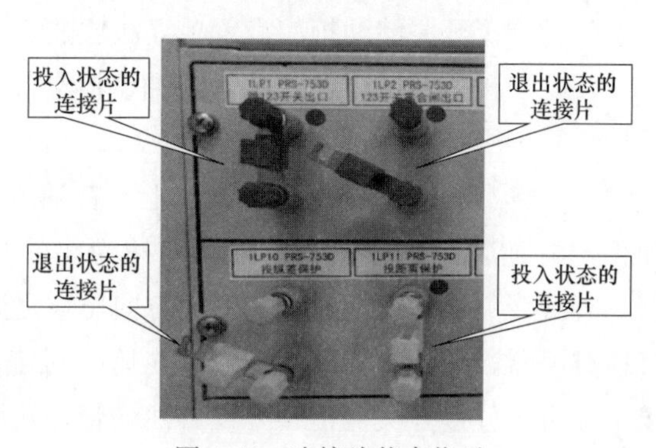

图4-46 连接片状态指示

示，一般先退出分、合闸出口连接片，使断路器的控制回路断开，这时即使由于保护装置在校验过程中分闸（合闸）启动触点闭合，由于出口连接片在断开位置，控制回路仍然不导通，断路器分闸（合闸）线圈也不能得电，不会动作分闸（合闸）。

风险区域：断路器机构、汇控柜；屏、柜内连接片。

【管控要点】

（1）保护装置定检开工前，记录连接片状态，以专用工具或者绝缘胶布封闭连接片。

（2）保护装置加入故障量启动分闸或合闸前，先检查出口连接片处在退出位置。

（3）对于不需要分、合闸校验的断路器，在不影响运行的情况下，先退出断路器控制电源，并做好记录。

（4）试验过程中确实需要带断路器实际传动分合操作的，应事前与断路器本体现场作业人员做好沟通，经当值运行人员确认通知后方可开展。

2. 信号试验时误短接分闸（合闸）控制回路，存在断路器本体误动风险

试验保护装置、断路器机构信号，如果条件不允许真正启动保护装置或操作断路器机构，那么也应该校验信号回路是否正常，以确保保护装置或断路器机构在真正故障时，信号回路能正常发信号通知运行人员。如图 4-47 所示，试验信号回路时，以试验线的一端接信号回路的一个节点，另一端接信号回路正电源，相当于短接保护装置或者操动机构的内部触点，启动信号回路。由于保护屏、测控屏、操动机构端子箱的端子很多，很容易误将试验线短接到断路器控制回路，使断路器的分、合闸线圈得电，分、合闸线圈吸合撞针使断路器分、合闸。

风险区域：主变压器保护屏、稳控装置屏、母差保护屏、备自投保护屏、接地变压器保护屏。

【管控要点】

（1）试验信号回路应尽量模拟装置或机构内部的继电器动作，使信号回路自行启动。

图 4-47　短接试验

（2）以试验线短触点启动信号回路时，不能凭记忆短接端子排，应先查看信号回路图纸，严格按图纸试验。

（3）对于端子排较多，二次线标示套编号不明显时，可以先封堵待短接的端子上下相邻的端子，留下待短接试验的端子，试验信号时直接短接没有封堵的端子即可安全试验信号。

3. 拆线测量分、合闸线圈维护后误接分、合闸控制回路

根据相关检验规程要求，需定期对分、合闸线圈（见图 4-48）的动作电压进行测试，使分闸线圈的动作电压不低于额定电压的 30%，合闸线圈的动作电压不高于额定电压的 70%。测试线圈动作电压时，解开线圈与控制回路的电缆，单独测试，将线圈的两端铜线接到直流发生器，测试完后再将线圈的两端铜线按原接法接入到控制回路。由于断路

器机构端子排较多，因此将线圈两端铜线接入到原控制回路时，可能误接到其他端子上，造成控制回路与线圈没有连通，使得保护装置、测控装置等启动分、合闸时，分、合闸动作信号向断路器机构发出，但由于分、合闸线圈没有与控制回路连通，造成断路器机构拒动。此外，在接入分、合闸线圈时，线圈两端铜线正负极调换后接入控制回路，此时虽然控制回路与线圈构成回路而连通，但由于线圈的正负极已调换，造成线圈的磁场方向反向，使撞针反向推动，不能撞击机构的脱扣器，从而使断路器拒动。

风险区域：开关柜、机构箱。

图4-48　机构箱的分、合闸线圈

【管控要点】

（1）拆接线必须以与现场一致的二次接线图纸为依据，严格按照二次安全技术措施单进行详细记录并恢复，临时解除的接线应用绝缘胶布及时包扎并固定。

（2）工作前确保工作电源已经断开，正确选择万用表挡位，确认回路已无电压后再进行相关试验。

（3）严格按线圈额定电压进行加压试验，严禁长时间加压并做好防止直流电源输出端子误碰的相关措施。

（4）测量工作完成并正确恢复接线后，需通过遥控分合操作检查断路器动作正常，确保断路器分、合闸回路的正确性。

4. 断路器机构维护、二次电缆敷设等作业中误碰三相不一致继电器引起断路器跳闸

三相不一致继电器安装在断路器机构箱中，又称作非全相继电器。当断路器A、B、C三相其中一相或两相断路器处于合位，而另一相或两相断路器处于分位，三相断路器位置不一致时，也就不是三相全相运行，为保护断路器机构正常工作、保证三相电网正常运行，超过一定延时后（通常设置为2s），断路器机构的三相不一致继电器将启动跳闸回路，使三相断路器停止工作在非全相状态。三相不一致启动跳闸回路图如图4-49所示。

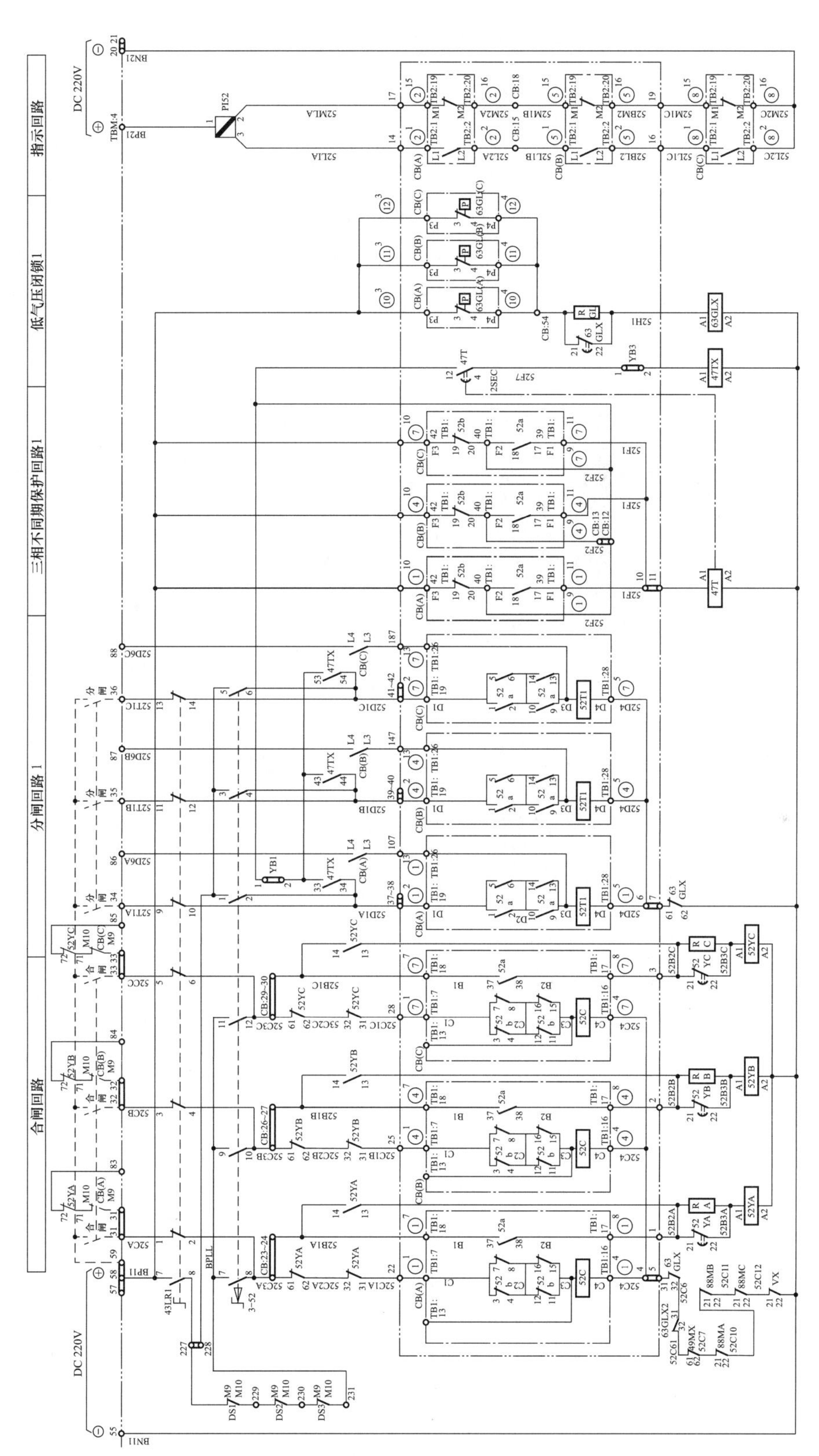

图 4-49　三相不一致启动跳闸回路图

运行、检修、继电保护等专业人员在断路器运行状态下维护断路器机构箱时，如检查继电器动作情况、清扫断路器机构积尘、测量端子电压时，严禁碰到三相不一致继电器的动触头，压下三相不一致继电器的动触头相当于继电器得电吸合，造成跳闸控制回路接通，启动三相断路器跳闸。同样，施工单位在断路器机构箱内进行二次电缆敷设作业时，应重点做好三相不一致继电器的防止误碰隔离措施，避免在拉穿二次电缆及二次回路接线过程中误碰该继电器造成断路器误跳。

风险区域：机构箱内元器件、开关端子箱（汇控柜）及相关二次回路端子排区域。

【管控要点】

（1）在三相不一致继电器旁进行风险提示识，如粘贴“三相不一致继电器，触碰存在断路器跳闸风险”标签（见图 4-50）。

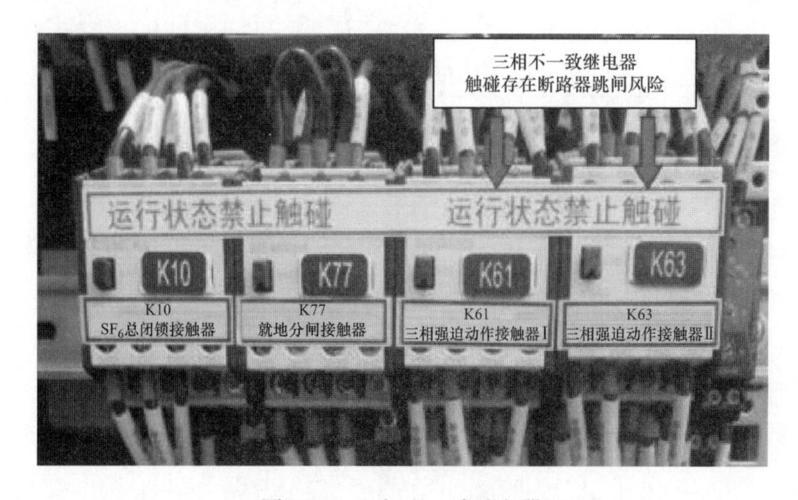

图 4-50　三相不一致继电器

（2）三相不一致继电器前加装透明挡板或防护罩，工作中采取防震动和防误碰措施，采取防止机构箱、端子箱门撞击的措施，必要时安排专人扶持箱门。

（3）打开断路器机构箱门工作前，监护人应向操作人指明三相不一致继电器，强调不能误碰动触头。

5. 运行的断路器机构内分、合闸线圈因误碰或撞击引起断路器误跳闸

断路器机构是分、合闸流程中的最后一个环节，跨过了之前的所有操作触点，只要误碰或撞击分、合闸的撞针，将使脱扣器脱扣，机构储能装置放能，断路器分、合闸动作。如图 4-51 所示，运行人员、一次检修人员、继电保护人员在带电维护断路器或者检查断路器时，螺钉旋具、仪表等工具存在误碰脱扣器的风险。对于比较长的工具，工作人员将注意力聚焦在工具的一端，忽视了另一端，较长的工具容易误碰到脱扣器或分、合闸按钮，造成断路器分、合闸动作。

风险区域：开关柜、机构箱。

图 4-51 断路器机构分、合闸线圈

【管控要点】

（1）在运行的断路器机构箱内工作时，应采取防震动和防误碰措施，采取防止机构箱门撞击等措施，必要时安排专人扶持箱门。

（2）在运行的断路器机构箱内工作时，监护人认真执行监护制度，时刻留意操作人的手、肘、工具是否碰到断路器机构脱扣器，以防断路器动作和机构伤人。

6. 断路器控制回路拆接二次线引起直流接地

在技改工程中，断路器机构更换前，需拆除二次控制电缆，包括控制回路。更换断路器控制回路的元件，如更换分合闸线圈、更换操作把手、更换辅助开关、更换爆裂的端子排，操作回路二次线拆除后，由于控制电源由原保护装置提供，因此二次控制电缆仍带电。对于存在联跳回路的保护装置，如母差保护装置、稳控装置、备自投装置等，有联跳回路连接到其他保护装置，其中任一台保护装置技改更换设备，将需拆除二次控制线，拆除后，由于控制电源取自保护装置的控制电源，保护装置如果不是同期更换，那么控制电源的空气开关也不能关断，因此解除联跳回路中的一个设备二次控制线，二次控制线仍带电。如不小心使带电的二次线碰到屏柜，将造成控制电源直流接地（见图 4-52）。严重情况下，如果分、合闸线圈动作电压低，还可能由于直流接地造成断路器动作。

风险区域：保护屏、测控屏、开关柜、机构箱。

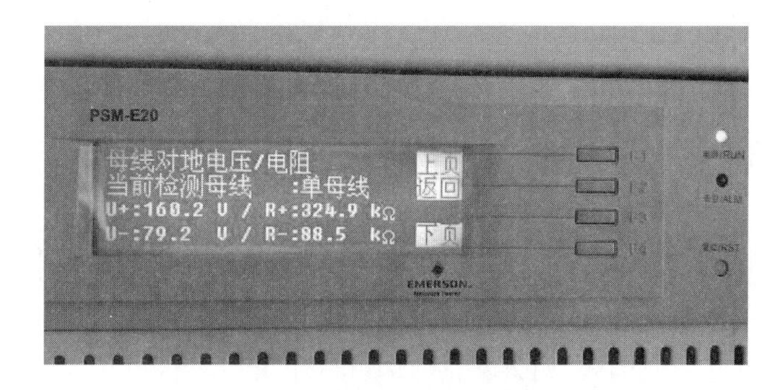

图 4-52 绝缘监测仪检测到直流接地

【管控要点】

（1）工作前断开操作、储能、保护、测控等相关直流电源空气开关，部分无法断开电源的二次回路，在作业中应及时做好带电作业的绝缘隔离。

（2）工作前必须使用万用表逐一测量各二次回路电压情况，测量时应正确选择万用表电压挡位，测量表笔金属裸露部位应采取绝缘包扎等措施。作业中应使用绝缘包裹良好的工器具。

（3）严格按照二次安全技术措施单进行详细记录并恢复，临时解除的接线应用绝缘胶布及时包扎并固定，防止造成短路或接地。

7. 断路器控制回路二次线恢复不正确引起断路器拒动或保护装置异常

断路器的跳闸控制回路有保护跳闸、手动跳闸，因工作需要，往往需要临时拆除控制回路二次线。当工作完成后恢复接线时，如果将原本接保护跳闸端子二次线误接到手动跳闸端子，此时保护跳闸后断路器不会重合闸；如果将原本接手动跳闸端子二次线误接到保护跳闸端子，手动分闸后断路器会自动重合闸。220kV 以上断路器分、合闸回路采用分相单独接线方式，分别为 A 相合闸、B 相合闸、C 相合闸，A 相分闸 I、B 相分闸 I、C 相分闸 I，A 相分闸 II、B 相分闸 II、C 相分闸 II，当恢复接线时造成错相（如 A、C 相反接），在设备发生 A 相故障时保护动作后断路器实际为 C 相跳闸，无法正确隔离故障，相当于断路器拒动。此外操作箱中还有 TJR（启动失灵不启动重合闸）、TJQ（启动失灵启动重合闸）、TJF（不启动失灵不启动重合闸）、ST（手跳）出口继电器端子（见图 4-53），误将控制回路接到其他端子，将会造成跳闸异常。更重要的是，上述的控制回路误接线后控制回路仍导通，保护装置也不会报警。只有二次线恢复后使控制回路不导通，保护装置才会报控制回路断线信号。

风险区域：保护屏、测控屏、开关柜、机构箱。

【管控要点】

（1）临时拆接二次线必须严格按照二次安全技术措施单进行详细记录并逐一恢复，禁止漏项。临时解除的二次线应用绝缘胶布及时包扎并固定，防止造成短路或接地。

（2）根据相关图纸资料核实变动的回路接入情况与图纸一致，检查回路接入紧固，不存在松动、接触不良等情况。

（3）恢复二次线后，如果条件允许，应进行传动试验，检查所接的出口继电器功能是否达到预期要求。

8. 更换 SF_6 压力表时误接线造成断路器控制回路断线

110kV 及以上高压断路器内部充了 SF_6 气体，在断路器带一次电压分、合闸时 SF_6 气体能迅速灭弧。SF_6 压力表（又称 SF_6 密度继电器，见图 4-54）用于监测断路器机构内部的 SF_6 气体密度是否足够，如果断路器内部气道漏气，使气体密度低于一定值，那么压力表将发信通知运行人员，如果密度再继续下降，将触发闭锁值，闭锁控制回路。

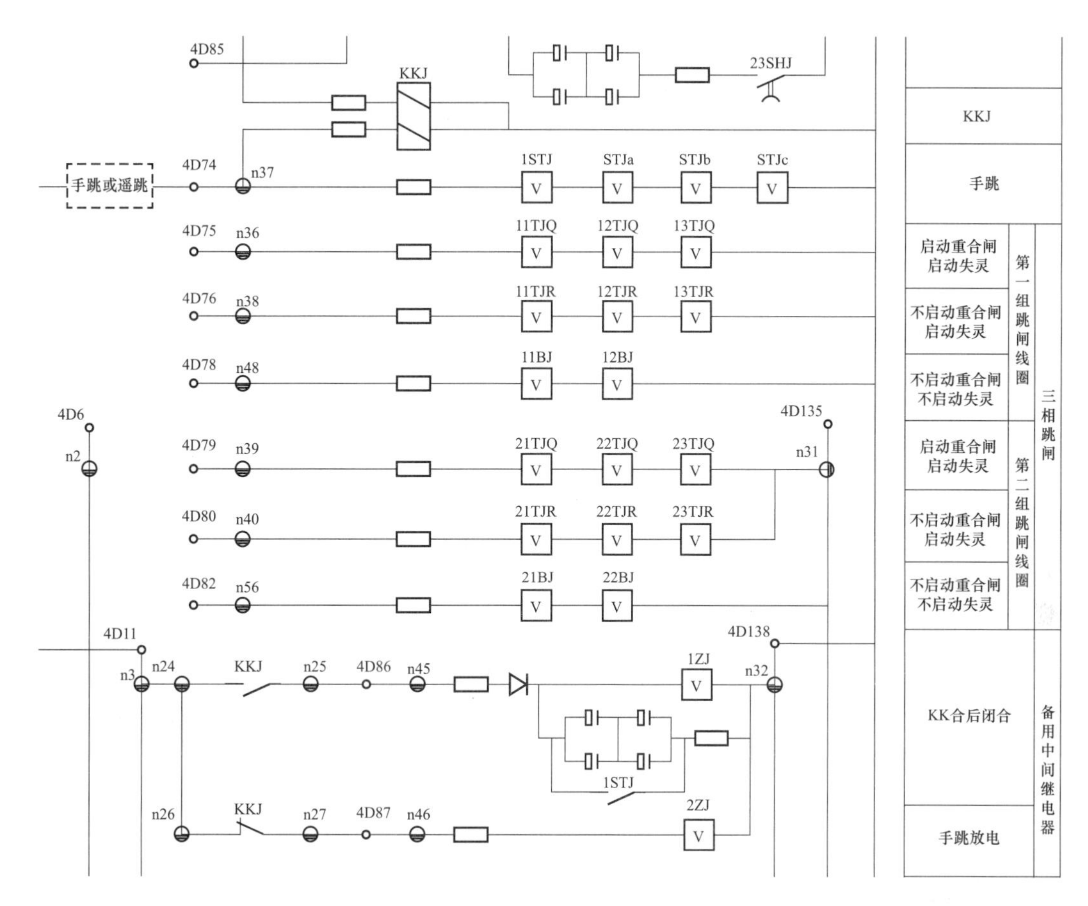

图 4-53 断路器控制回路

SF_6 压力表的触点串联在断路器控制回路中，当气体压力足够低时，触点导通启动报警回路或闭锁回路。因此，更换、检修专业 SF_6 压力表时，由继电保护专业拆接二次线，误接断路器控制回路二次线到报警回路、闭锁回路，将造成断路器在 SF_6 密度降低时误报警、误闭锁或者不报警、不闭锁，严重时在 SF_6 密度不足时由于不报警、不闭锁而强行分、合闸，造成断路器爆炸。

图 4-54 SF_6 压力表

风险区域：断路器机构箱。

【管控要点】

（1）更换 SF_6 压力表时需准备好压力表使用说明书，了解压力表的报警、闭锁触点接线方法。

（2）拆除旧压力表二次线时应用二次回路措施单记录二次线接线位置，接入新压力表时核对二次回路措施单，按使用说明书接入二次线到触点端子。

（3）安装新 SF_6 压力表后，检修人员能配合试验压力表启动触点，可以真正启动 SF_6 压力低报警、闭锁控制回路两个功能，检查后台信号、控制回路是否正确。

五、隔离开关

隔离开关安装在一次设备上，用于连接两个设备。隔离开关常安装在断路器前后，使停电设备与运行设备形成明显的断开点，便于工作人员检查设备是否与带电设备隔离。接地开关常安装在接地网与设备之间，便于工作人员检查设备是否已接地。

隔离开关分闸操作前，需先分断路器，以保证先由断路器切断电源；隔离开关合闸操作前，需先分接地开关，以保证设备不在接地状态时才合上隔离开关；接地开关分闸操作不受闭锁，合闸操作前，需先分开与接地开关相连的前后隔离开关，以保证接地网完全与运行设备隔离。

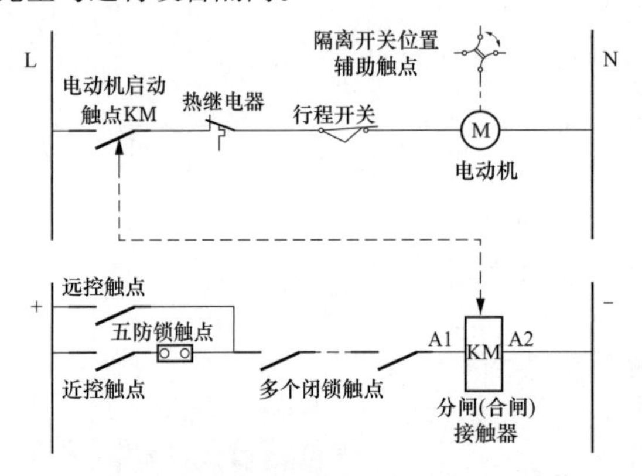

图 4-55　隔离开关控制回路简化示意图

隔离开关的分、合闸动作由电动机执行，电动机的控制由二次回路执行。隔离开关控制回路简化示意图如图 4-55 所示，当在后台监控机上进行分闸（合闸）操作时，测控装置的远控触点接通，在隔离开关不被闭锁的情况下，多个闭锁触点都导通，分闸（合闸）接触器线圈得电吸合，此时电动机回路的电动机启动触点闭合，经过常闭的热继电器和行程开关触点，电动机得电转动，经机构箱内部齿轮带动隔离开关分闸（合闸）动作。当电动机转动到分位（合位）的预设位置时，行程开关的动断触点转为断开，使电动机回路断电，隔离开关停止动作。电动机在转动时，带动机构箱内部的隔离开关位置辅助开关转动，分闸到位后，原来在隔离开关合位时闭合（断开）的辅助触点断开（闭合），辅助开关用来向其他设备提供隔离开关位置信息，如母线保护装置、测控装置等。合闸操作时动作变位与分闸相反。

1. 隔离开关机构内分、合闸接触器因误碰或撞击，存在隔离开关误动风险

工作人员打开隔离开关机构箱，处理机构箱中元件故障时（不限于接触器故障），眼睛专注于端子编号、螺钉旋具位置、空气开关标签等细微点，由于机构箱空间狭窄，工作人员的手、肘、肩膀等部位容易顶撞到接触器（见图 4-56），如果正好顶到动触头，将使接触器吸合，其效果与接触器得电一样，使电动机也得电转动，从而使隔离开关误分、合闸。如果隔离开关连接的设备带电，将会造成恶性误操作，并极有可能被隔离开关带电分、合闸产生的电弧烧伤。

【管控要点】

（1）非操作过程中的隔离开关，其操作电源及电动机电源应保持在断开状态。

（2）在隔离开关机构内作业应采取防震动和防误碰措施，如接触器加装盖子，专人监护，防止操作人员身体碰到接触器；采取防止机构箱门撞击的措施，必要时安排专人扶持箱门。

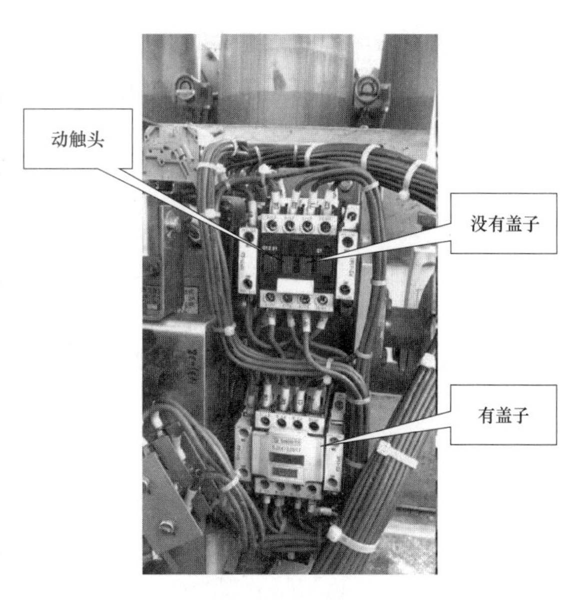

图 4-56　隔离开关机构分合闸接触器

2. 隔离开关闭锁回路消缺时引起隔离开关误动

隔离开关的控制回路串联的触点比断路器要多，隔离开关控制回路中的许多故障是由于串联的触点接触不良造成回路不通导致的。隔离开关控制回路的闭锁触点一般串联断路器位置、接地开关位置、相邻隔离开关位置、线圈电压继电器触点等多个触点，任一触点故障，都会造成控制回路不通。

处理某隔离开关控制回路故障时，由于不能确认是哪个触点故障，一般是不停电查找故障点，确认故障点后才考虑是否需要安排停电处理。图 4-57 所示，在检查过程中，使用万用表、螺钉旋具、短接线检测时，不正确使万用表使得误导通控制回路将使隔离开关进行分、合闸动作，造成带电分、合隔离开关。

【管控要点】

（1）对工作范围内的隔离开关必须断开电动机电源后再处理故障，并在空气开关表面增加防护罩。

图 4-57　使用万用表电压挡测量隔离开关机构箱的控制回路

（2）检查隔离开关控制回路触点，应认真核对竣工图、隔离开关厂家设计图，按图纸一步一步地跟着控制回路查找，使用高阻仪表测量控制回路，如万用表电压挡，少用电阻挡。

3. 隔离开关机构箱操作回路消缺时引起隔离开关误动

隔离开关机构箱中的电气元件有接触器（包括线圈、动合触点、动断触点）、热继电器、行程开关、电动机、分合闸和急停按钮。常见故障是接触器线圈烧断、触点氧化或锈蚀而接触不良、热继电器动作后不返回、行程开关偏移、电动机线圈烧断、分合闸按钮松动、急停按钮触点黏合。

查找隔离开关机构箱操作回路故障时，常常带电查找。而机构箱外的闭锁回路常常由于隔离隔离开关或接地开关在合位运行状态而不能在分位状态，闭锁触点不通。为了测试回路完好，常常短接闭锁触点，再按分合闸按钮，如果接触器能吸合，证明控制回路已完好。如果没有退出电动机电源，接触器吸合时隔离开关将会进行分、合闸动作。

【管控要点】

（1）查找隔离开关机构箱电气回路故障时，认真查找厂家设计回路图，退出电动机电源，如打下空气开关。

（2）如果处理电动机故障时，如电动机空气开关更换、电动机更换，应记录好电动机电源电缆，从隔离开关汇控柜退出电源总空气开关，再解开电动机电源电缆，并包扎电缆头金属裸露部位（见图 4-58）。有的电动机采用交流 380V 电源，操作过程中应加倍小心，以防人体触电。

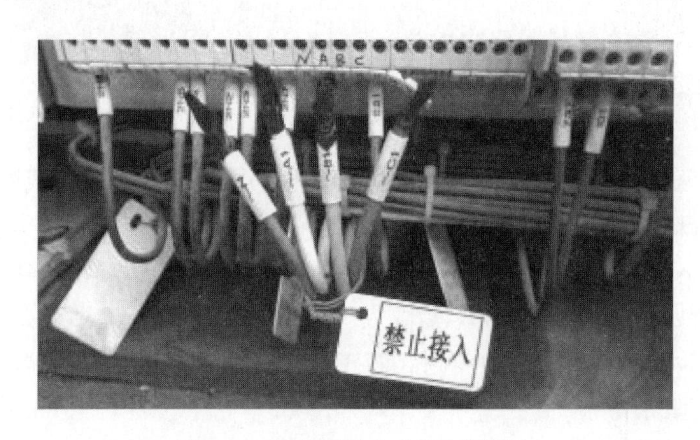

图 4-58　隔离开关电动机电源隔离

（3）恢复电动机电源电缆前应先检查电动机电源和控制电源在退出状态，确认隔离开关分、合接触器在失磁状态才能接入，接入后应检查电源线接入相序正确。

4. 隔离开关机构技改工程中引起隔离开关误动

隔离开关机构更换、隔离开关操作箱更换，或者在原高压场地扩建新隔离开关时，工作量较大，需要多天的工期。由于隔离开关是与母线接触的设备，一般不可能将母线停电多天，常常是先在隔离开关间隔敷设电缆，拆除旧机构、安装新机构，最后接上电缆，然后再申请母线停电一天，在一天内完成隔离开关机构的架设安装与分合闸调试。

敷设电缆时，电缆的一端从电缆井里穿过保护屏、测控屏、TV 接口屏等屏柜，电缆的另一端从电缆井里穿过隔离开关汇控柜，电缆头容易碰到运行的端子。拆除旧机构、安装新机构的工作中，由于机构较大，需要使用吊车时，吊车的吊臂容易碰到运行间隔。

【管控要点】

（1）同一间隔内非工作范围内的隔离开关机构必须做好上锁、挂牌等防误措施（见

图 4-59)，工作前对端子箱内涉及非检修隔离开关的分合闸控制回路、操作按钮进行封闭，防止工作中误碰误动。

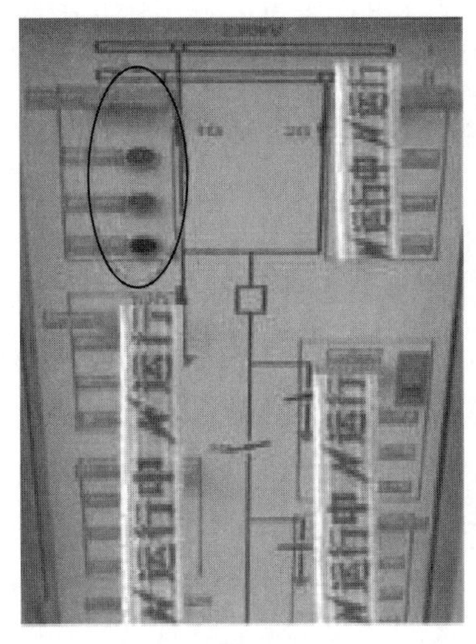

图 4-59　隔离开关回路隔离

(2) 穿电缆时，电缆头先不要剥皮，以绝缘胶布包扎电缆头后再穿电缆到屏柜，然后再剥电缆外皮，在进行到接入端子排的步骤时剥电缆芯线头，然后立即接入端子排，以防电缆拉扯摆动时电缆芯误碰运行端子排。

(3) 使用吊车拆、装机构时，应在母线停电时吊装，设立专职监护人，监视吊车的吊臂上下左右与带电设备距离是否足够。吊起机构时，应以绳子从机构旁边牵着机构，以防机构摆动误碰其他设备砸伤设备，机构与吊臂下不得站人。

第四节　二次设备跨专业作业风险辨识与管控

一、保护与安自设备系统

继电保护系统是指当电力系统发生故障或异常工况时，在可能实现的最短时间和最小区域内，自动将故障设备从系统中切除，或发出信号由值班人员消除异常工况根源，以减轻或避免设备的损坏和对相邻地区供电的影响。电力系统安全自动装置则用以快速恢复电力系统的完整性，防止发生和中止已开始发生的足以引起电力系统长期大面积停电的重大系统故障。

继电保护系统主要利用电力系统中元件发生短路或异常情况时的电气量（电流、电压、功率、频率等）的变化，也包括其他的物理量（如变压器内部故障产生的瓦斯、油流速度、油压强度等），构成继电保护系统动作的原理。安全自动装置主要利用电力系统中相关元件的运行工况（电流、电压、功率、频率、状态等）按照既定的动作策略构成区域性稳定控制系统。

继电保护系统和安全自动控制系统都是通过二次接线回路实现对电力系统中一次元件的监测与控制，主要回路包括电流回路、电压回路、开入回路、开出回路和电源回路五个部分。任一部分的回路异常，均可能造成一、二次设备的不正确动作，因此需对屏柜内装置、连接片（含背面）、切换把手、二次回路及其端子排等相关区域进行风险辨析，并提出相应预控措施。

图 4-60　稳控装置电流回路

1. 屏柜中接有运行二次电流回路，屏内作业存在运行设备 TA 开路风险

保护、安自等装置正常运行中需实时采集各路电流回路，特别是主变压器、母差、备自投、稳控等设备同时接入多个间隔电流回路（见图 4-60）时，在屏内空间作业未对运行中的电流回路进行有效隔离，存在因误碰、误断等操作造成 TA 开路，导致保护误动、拒动或设备因 TA 开路引起的高压而烧毁。

【管控要点】

（1）屏内作业前对非工作区域的二次电流回路及其端子排做好绝缘封闭隔离措施（见图 4-61），根据工作需要预留开放工作对象及相关端子排区域，防止误碰、误断运行二次电流回路。

（2）在运行电流回路上作业，需要对运行设备二次电流回路进行临时断开时，严格按照二次安全技术措施单进行详细记录并恢复。断开前使用专用短接片或短接线对 TA 回路进行正确短接（见图 4-62），并使用专用钳形电流表对回路进行验电，确保短接正确可靠后再断开连接片。

图 4-61　屏内运行二次电流回路隔离

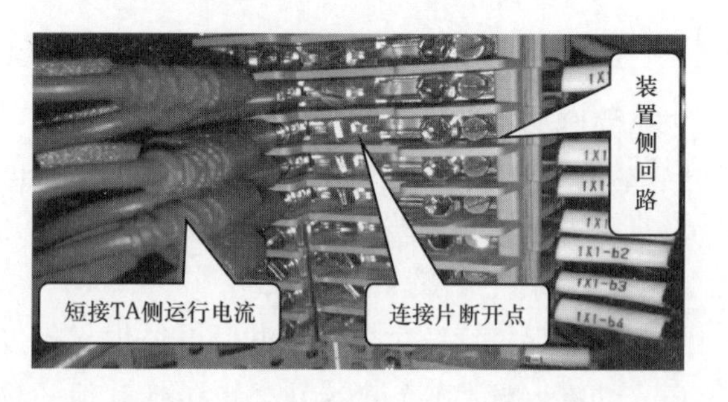

图 4-62　运行二次电流回路短接隔离

2. 屏柜中电流回路串接其他运行装置，该电流回路上的停电作业存在误动运行设备风险

由于受到电流互感器二次绕组配置数量的限制，部分保护、安自等装置需要采用电流回路串接方式实现对同一间隔一次设备的电流量采集（见图 4-63），此时在该电流回路上的任何工作，特别是电流回路上的加量测试作业，将会直接影响串接回路上的所有装置正常运行。

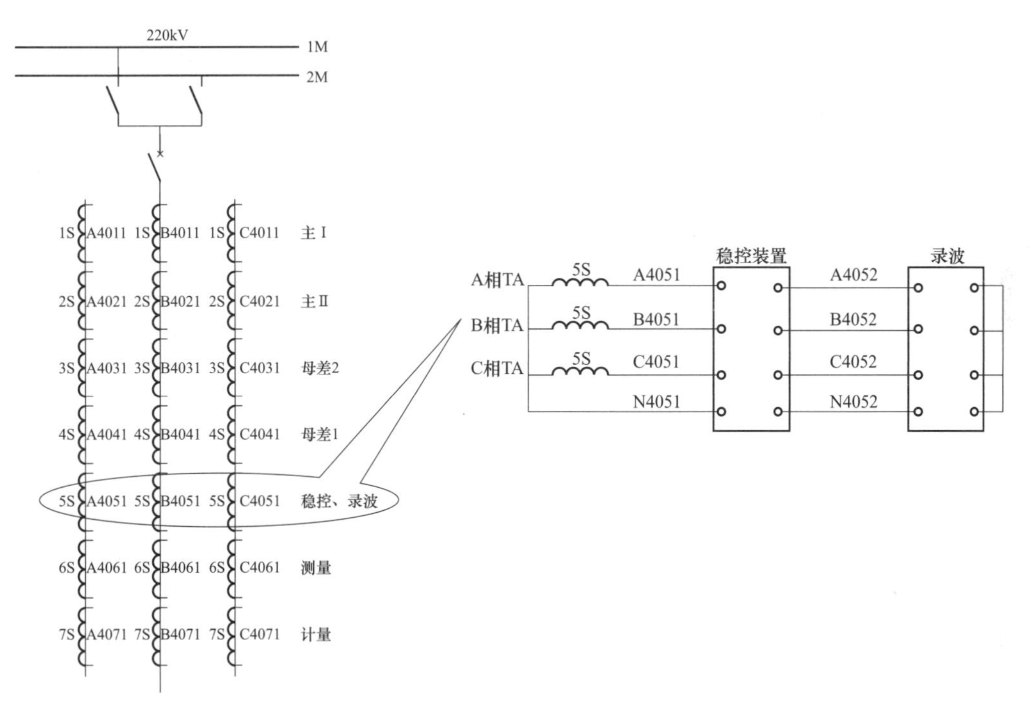

图 4-63　串接电流回路示意图

【管控要点】

（1）对屏柜内 TA 回路进行二次电流回路走向提示，如图 4-64 所示。

图 4-64　二次电流回路走向示意图

（2）作业前切除所在屏柜上的二次电流输入、输出回路连接片，短接二次电流输出回路装置侧端子，并用绝缘胶布密封非工作侧电流端子，如图 4-65 所示。

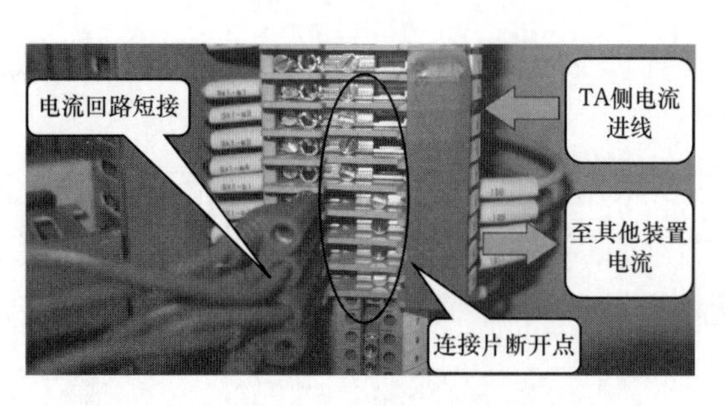

图 4-65 串接二次电流回路停电作业隔离

（3）实施断开 TA 二次电流回路或解除 TA 二次电流回路接线等隔离措施时，严格按照二次安全技术措施单进行详细记录并恢复，临时解除的接线应用绝缘胶布及时包扎并固定，防止造成接地。

【例 4-7】 500kV 某变电站继电保护工作人员在进行保护试验工作时，由于执行二次技术措施单不到位导致 500kV 1 号主变压器 A 柜高压侧后备零序过电流 I 段保护动作跳开主变压器各侧断路器。

事故简析：继电保护工作人员在进行 500kV 安自调试工作中，在做安全措施时没有将串接在 500kV 1 号主变压器 A 柜高压侧后备保护安稳装置电流回路 N 相的电流端子连接片打开，使得试验回路的 N 相和 500kV 1 号主变压器保护 A 柜高压侧后备保护的 N 相连通，如图 4-66 所示。由于继电保护测试线接错（误将试验装置的 A 相与 N 相连接），测试仪是接地的，并在空载状态下有电压输出，导致 500kV 1 号主变压器高压侧后备零序电流回路中有零序电流流过，从而引起保护动作出口跳闸。

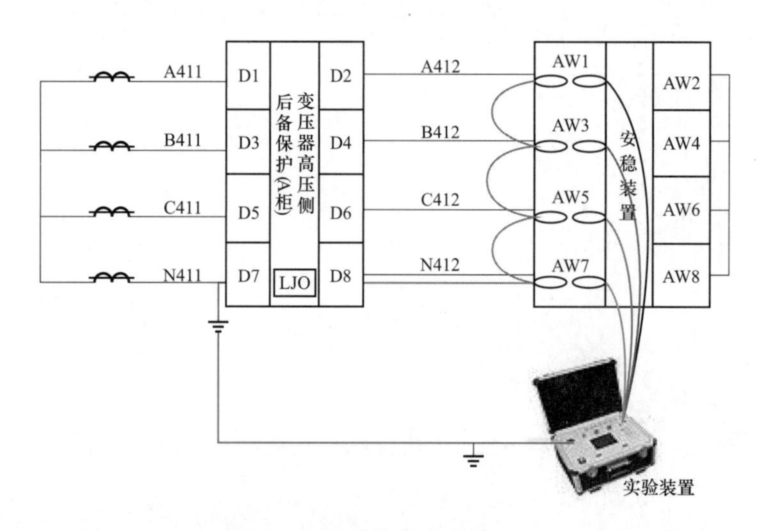

图 4-66 试验接线示意图

3. 屏柜中接有运行二次电压回路，屏内作业存在 TV 短路风险

常规方式下，屏内各套装置所采集的二次电压由对应的二次电压公共设备（TV 接口屏、TV 端子箱等）通过二次电缆接入到屏内专用电压端子排区域后，采用并联接线方式在屏内经各路电压空气开关分配后接入相应保护、安自等装置。因此，即使保护、安自等装置在退出运行的状态下，相应电压空气开关已断开，屏内仍然存在着运行中的电压回路，屏内作业必须对这些运行电压回路实施安全可靠的隔离。

【管控要点】

（1）作业前对非工作区域的二次电压回路及其端子排做好绝缘封闭隔离措施（见图 4-67），根据工作需要预留开放工作对象及相关端子排区域，防止误碰运行二次电压回路。

图 4-67　运行二次电压回路隔离

（2）工作中应使用绝缘包裹良好的工器具，测量二次电压回路时按照测试内容正确选择万用表挡位，测量表笔金属裸露部位应采取绝缘包扎等措施（见图 4-68）。

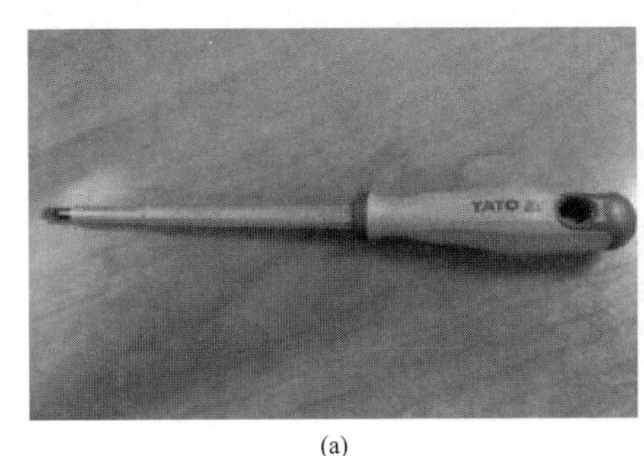
(a)

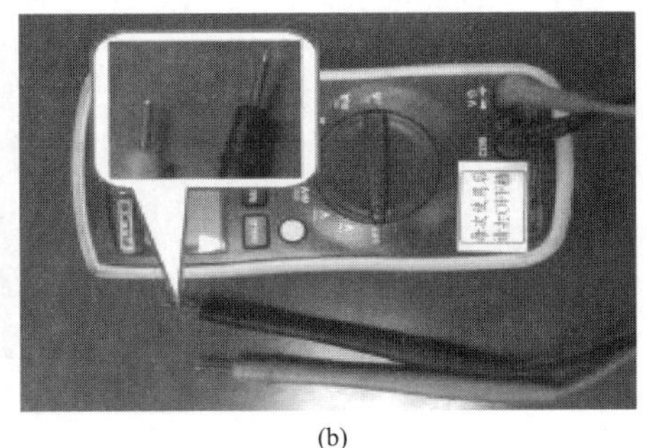
(b)

图 4-68　绝缘包扎的工器具

（a）螺钉旋具；（b）万用表

（3）实施断开 TV 二次电压回路或解除 TV 二次电压回路接线等隔离措施时，严格按照二次安全技术措施单进行详细记录并恢复，临时解除的接线应用绝缘胶布及时包扎并固定，防止造成短路或接地。

4. 屏柜内作业误接或误断运行中二次电压回路，存在保护误动风险

由于电压回路采用并联方式接线，通过对电压回路端子的扩展、并接等方式可以实现不同装置对同一相电压的同时接入，且实际工作中经常需要进行带电拆、接二次电压回路的作业，若操作不当，将造成运行中的电压或回路异常，存在保护误动的风险。

【管控要点】

（1）作业前对非工作区域的二次电压回路及其端子排做好绝缘封闭隔离措施，根据工作需要预留开放工作对象及相关端子排区域，防止误碰运行中二次电压回路。

（2）回路接入工作应严格按照经审批的设计图纸施工，接入前核实所接回路及端子编号与图纸设计一致。

（3）临时拆接线必须严格按照二次安全技术措施单进行详细记录并逐一恢复，禁止漏项。临时解除的接线应用绝缘胶布及时包扎并固定，防止造成短路或接地。

5. 在屏柜中二次电压回路上工作，未正确隔离或恢复电压回路，存在保护误动风险

由于二次电压回路采用并联接线辐射供电方式，使得屏内电压回路接线较为复杂，容易出现回路隔离不完整，作业回路仍带电，或者回路恢复有疏漏造成装置电压缺相或失压。

【管控要点】

（1）进行二次电压回路加量试验前，应采用断开空气开关、切除连接片或拆除接线等措施（见图4-69），将TV侧二次回路进行物理隔离并用绝缘胶布密封，防止发生二次电压回路接地、短路或反充电。

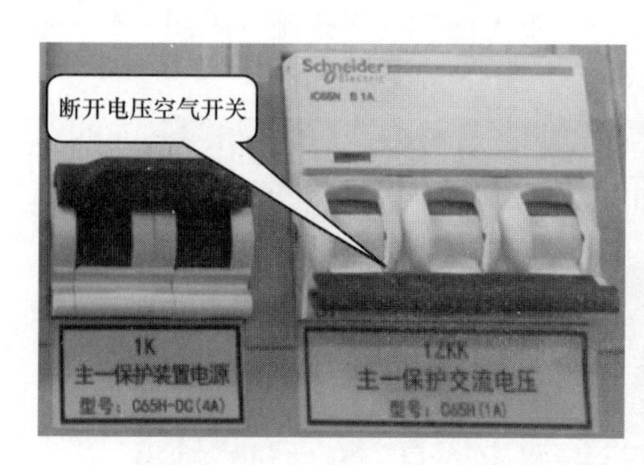

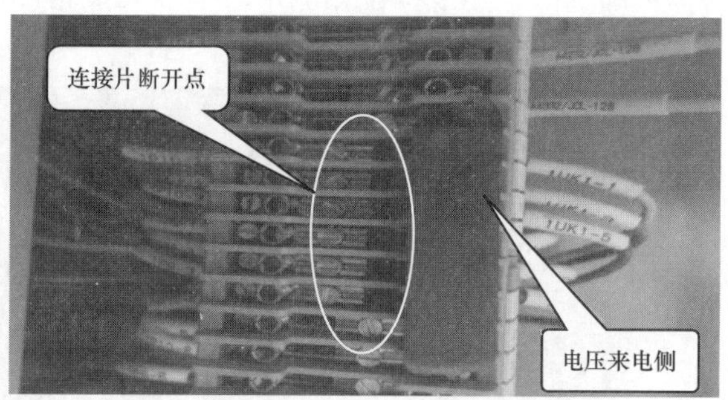

图4-69　运行二次电压回路隔离

（2）执行电压回路隔离措施时严格按照二次安全技术措施单进行详细记录并逐一恢复，禁止漏项，临时解除的接线应用绝缘胶布及时包扎并固定，防止造成短路或接地。

（3）接入试验线前必须用万用表测量待接端子确无电压后才可进行，测量时应正确选择万用表电压挡位，测量表笔金属裸露部位应采取绝缘包扎等措施。

（4）设备合闸送电前，必须核实相应电压空气开关已正确投入（见图4-70），确认无误后再操作送电。

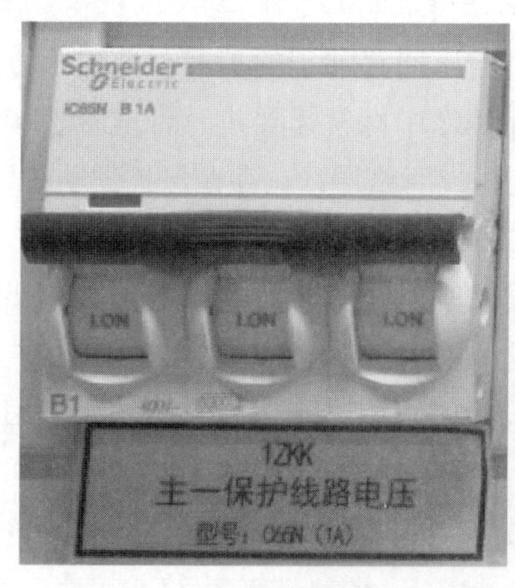

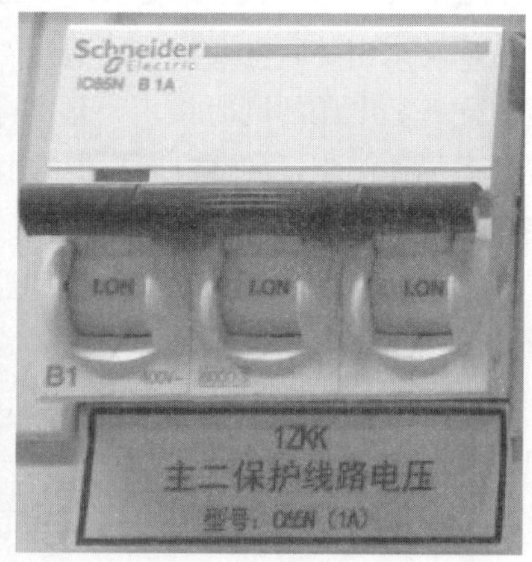

图4-70　屏柜内投入电压空气开关

6. 屏柜上装置试验时未退出检修间隔的分、合闸出口连接片，存在人身伤害风险

保护（安自）装置的分、合闸出口连接片一般配置在屏柜正下方的连接片区域，它们是分、合闸回路上的一个直观可视闭合或断开状态的物理连接点，直接对分、合闸回路的控制功能起到物理隔离作用。对于一次开关设备停电情况下的保护（安自）装置定检试验工作，检修专业、高压试验专业等工作人员需要同时对断路器机构进行定检维护。此时对保护（安自）装置的定检试验，不能随意分、合闸。一般先退出分、合闸出口连接片，使断路器的控制回路断开，这时即使保护装置在校验过程中的分闸（合闸）启动触点闭合，由于出口连接片在断开位置，控制回路仍然不导通，断路器分闸（合闸）线圈也不能得电，不会动作分闸（合闸）。

【管控要点】

（1）保护装置定检开工前，记录连接片状态，以专用工具或者绝缘胶布封闭连接片。

（2）保护装置加入故障量启动分闸或合闸前，先检查出口连接片处于退出位置。

（3）对于不需要分、合闸校验的断路器，在不影响运行的情况下，先退出断路器控制电源，并做好记录。

7. 屏柜内作业，未正确隔离与运行设备关联区域，存在运行设备误动风险

对于同一保护（安自）装置关联着多个一次设备间隔、同一屏柜内装设有多套不同一次设备间隔对应的保护（安自）装置，在作业现场中，虽然工作对象的保护（安自）装置在退出状态，但其相关联的一次设备或周边装置仍然处在正常运行中，作业前必须对相关回路、元器件等区域进行防误隔离。

【管控要点】

（1）退出屏内检修装置与运行设备相关的出口连接片，并用绝缘胶布将连接片出口端包扎，同时将该出口连接片对应的端子排回路区域进行绝缘封闭隔离，如图 4-71 所示。

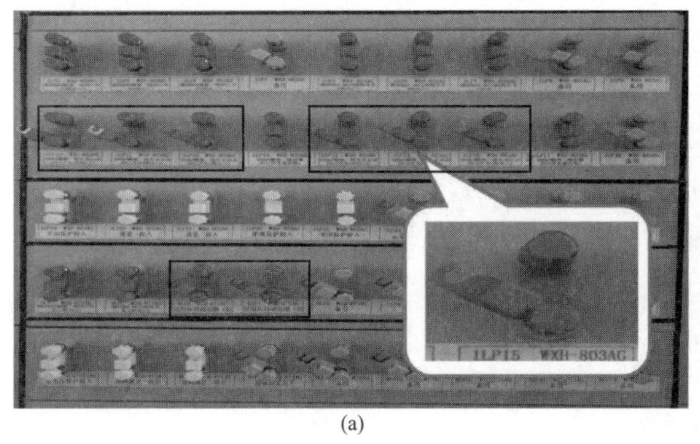

(a)

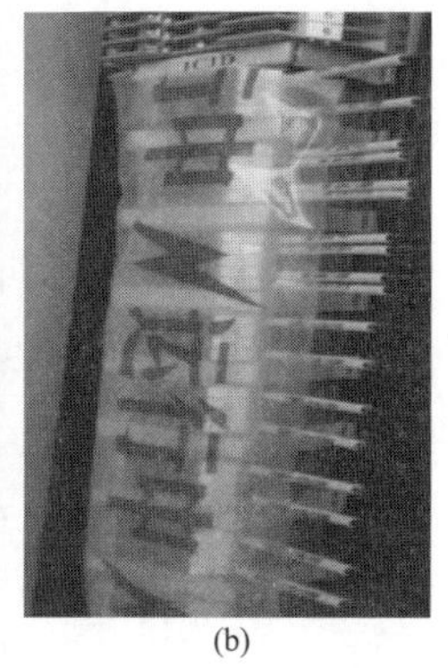

(b)

图 4-71　屏柜上出口回路隔离

（a）退出连接片；（b）回路绝缘封闭隔离

（2）屏柜内的检修设备与非检修设备应实施绝缘封闭隔离措施，如图4-72所示，作业前对非工作区域的装置、电源、端子、连接片、转换开关、操作开关等用布帘、贴封、防护盖等绝缘材料隔离，根据工作需要预留开放工作对象及相关端子排区域。

(a)

(b)

图4-72 屏柜内检修设备区域隔离

（a）示意图1；（b）示意图2

8. 一次设备运行方式改变，相应保护、安自等设备状态未同步调整，存在保护、安自等设备不正确动作风险

由于保护（安自）装置需要对电网系统的某些特定运行状态（如检修、旁代、互联等）通过转换把手、功能连接片等元器件的设置实现可靠识别，以确保相应功能的准确开放，因此在日常运行中，必须确保这类装置的元器件所设位置状态与电网系统的实际运行方式一致，否则会存在保护不正确动作的可能。

【管控要点】

（1）500kV 3/2接线方式下单断路器转检修，相应线路及主变压器保护屏中的断路器状态切换把手应同步转至对应检修断路器位置（见图4-73），防止保护不正确动作。

（2）220kV双母双分段接线方式，主变压器220kV侧从一段母线倒至另一段母线后，应同步投入主变压器主一、主二保护联跳另一段母线的分段开关连接片，并退出原一段母线的分段开关连接片，防止主变压器保护不正确动作，如图4-74所示。

（3）倒母线操作前，应投入母差失灵保护的互联连接片；操作完成后立即退出互联连接片，如图4-75所示。

（4）母联开关转检修应同步投入母差失灵保护的分列运行连接片（见图4-76）；母联开关在运行状态禁止投入母差失灵保护的分列运行连接片。

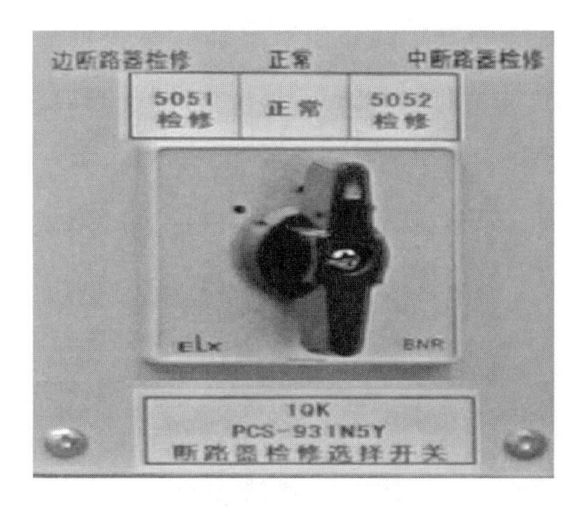

图 4-73　断路器状态切换把手

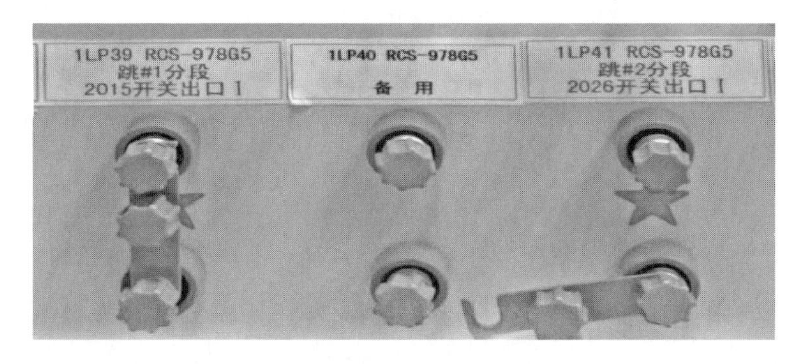

图 4-74　联跳出口连接片

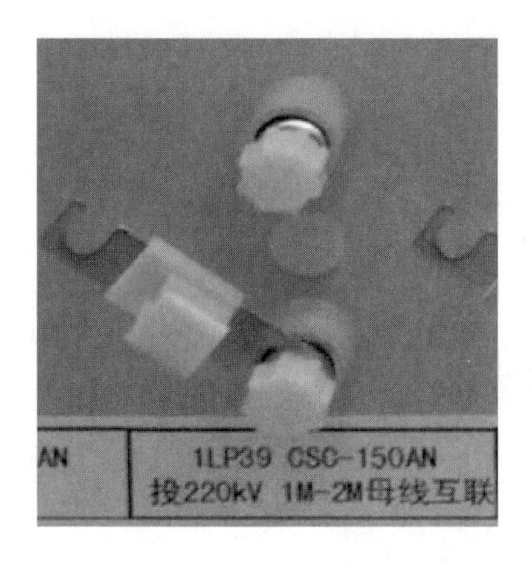

图 4-75　互联连接片

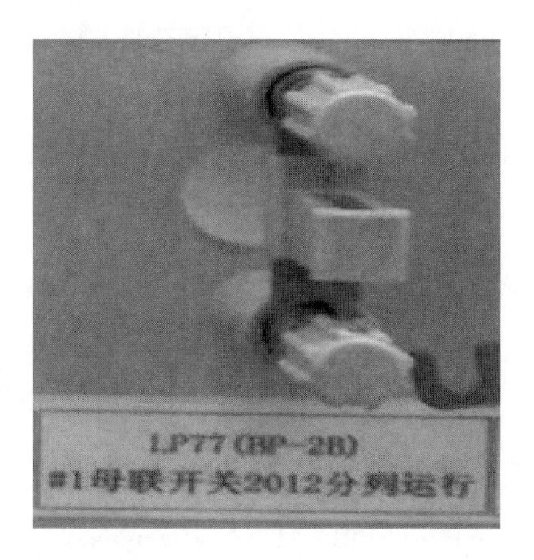

图 4-76　分列运行连接片

（5）安自装置的运行、检修、旁代连接片投退必须与对应的线路及主变压器实际运行状态一致。除试运行和投信号状态外，安自装置的元件允切连接片与出口连接片应遵循“同投同退”原则（见图 4-77）：在投入元件出口连接片时，应同时投入对应元件的允切连接片；在退出元件出口连接片时，应同时退出对应元件的允切连接片。

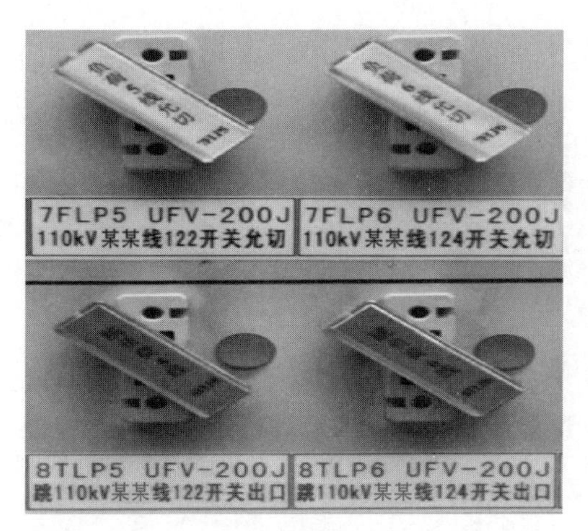

图 4-77　安自装置中允切连接片与出口连接片

（6）安自装置的线路、主变压器和母线运行连接片的投退操作须遵循“后退先投”原则：一次设备停电操作后，再退出相应元件的运行连接片；一次设备复电前，先投入运行连接片。

（7）安自装置的线路、主变压器和母线检修连接片的投退操作须遵循“后投先退”原则：一次设备停电操作后，再投入相应元件的检修连接片；一次设备复电前，先退出检修连接片。

（8）安自装置在旁路开关代路时，旁代连接片须遵循“先投先退”原则：一次旁路开关代路操作前，应先投入元件的旁代连接片，再操作一次旁路开关；一次旁路开关代路工作完毕，需恢复正常开关供电操作前，应先退出元件的旁代连接片，后操作一次旁路开关。

9．定值区切换不正确，存在保护不正确动作风险

由于电网运行方式的改变，线路等设备的保护装置需要及时执行不同的定值以满足相应运行方式的配合需求。对于具备多个定值区存储功能的保护装置，可以根据实际情况将不同电网运行方式下的多套定值预设在规定的定值区中，因此当电网运行方式改变时，可以通过切换不同的定值区实现相应的定值调整。由于保护装置只能运行在一个定值区下执行唯一的一套定值，因此当定值区选择错误或预设的定值区没有符合实际运行方式的正确定值时，存在误整定造成保护误动或拒动的风险。

【管控要点】

（1）保护装置对应区域粘贴明显清晰的定值区说明及定值区切换操作指引，如图 4-78 所示。

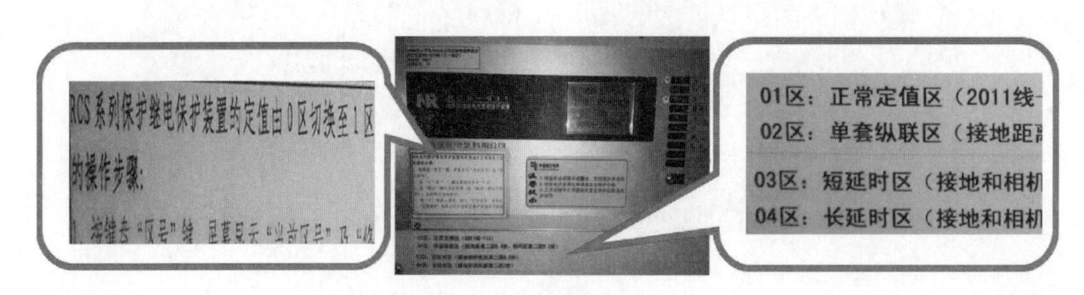

图 4-78　定值区信息

（2）严格按照电气操作导则要求进行保护定值区切换操作，按票执行，避免误整定导致保护不正确动作。

10. 工器具使用不当，造成回路或装置异常，存在保护不正确动作风险

【管控要点】

（1）在进行端子箱、机构箱、汇控柜、保护屏、测控屏、直流屏等区域的清扫作业时，应对清扫工具的金属部分进行包扎，保持毛刷干燥，防止因回路短路、接地或开路，造成保护不正确动作。

（2）对回路、连接片、空气开关等进行测量检查时，应对测量工具的金属部分进行包扎，测量电压回路或出口连接片时按照测试内容正确选择万用表挡位，测量表笔金属裸露部位应采取绝缘包扎等措施。

二、自动化装置系统

变电站自动化是指将二次设备（包括控制、保护、测量、信号、自动装置和远动装置）利用微机和网络技术经过功能的重新组合和优化设计，对变电站执行自动监视、测量、防误、控制和协调的一种综合性的自动化系统（见图 4-79），是自动化和计算机、通信技术在变电站领域的综合应用。它具备统一规划、整体管理、功能综合化（其综合程度可以因不同的技术而异）、系统构成数字（微机）化及模块化、操作监视屏幕化、运行管理智能化等特征。

变电站自动化系统通过远动系统接受调度主站的遥控操作命令，自动化系统的二次安防设备接入保护信息管理系统和安全稳定控制系统、备自投系统的控制命令；远动系统存在误遥控操作开关设备的风险，二次安防设备出现信息安全隐患时，可能导致黑客入侵引起保信管理系统的保护定值被恶意修改、安自系统被恶意控制及篡改系统参数的作业风险。

其中测控屏及 PMU 屏柜通过二次接线回路实现对电力系统中一次元件的监测与控制，主要回路包括电流回路、电压回路、遥控回路和电源回路四部分。测控装置的回路异常，均可能造成一、二次设备的误遥控动作，电流、电压回路出现异常时可能影响 TA 和 TV 的正常工作，因此需对屏柜内装置、连接片（含背面）、切换把手、二次回路及其端子排等相关区域进行风险辨析，并提出相应预控措施。

变电站自动化设备主要包含以下内容：远动屏柜、测控屏柜、后台监控系统（包括一体化五防系统）、站内通信系统（各级交换机及保护通信管理机）、同步时钟系统、电力二次安全防护系统、同步相量测量系统（PMU）。

1. 屏柜（包括 PMU 采集单元接入屏）中接有运行电流回路，屏内作业存在运行设备 TA 开路风险

变电站自动化系统所计算运用的电流数据均需要通过电流互感器二次电流回路接入至测控装置实现实时的采集获取，如图 4-80 所示，运行中的二次电流回路存在 TA 开路风险。

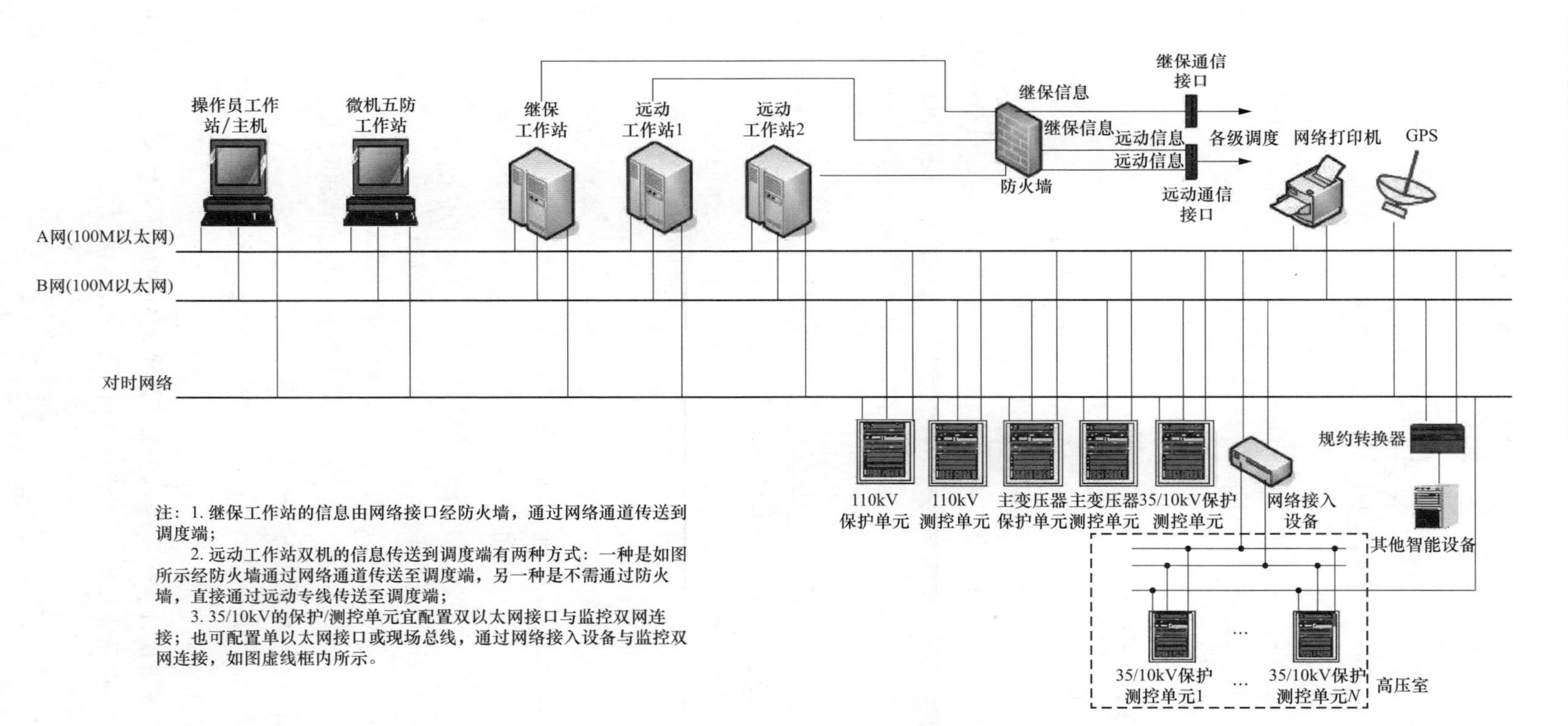

注：1. 继保工作站的信息由网络接口经防火墙，通过网络通道传送到调度端；

2. 远动工作站双机的信息传送到调度端有两种方式：一种是如图所示经防火墙通过网络通道传送至调度端，另一种是不需通过防火墙，直接通过远动专线传送至调度端；

3. 35/10kV的保护/测控单元宜配置双以太网接口与监控双网连接；也可配置单以太网接口或现场总线，通过网络接入设备与监控双网连接，如图虚线框内所示。

图 4-79　110kV 变电站自动化系统典型结构图

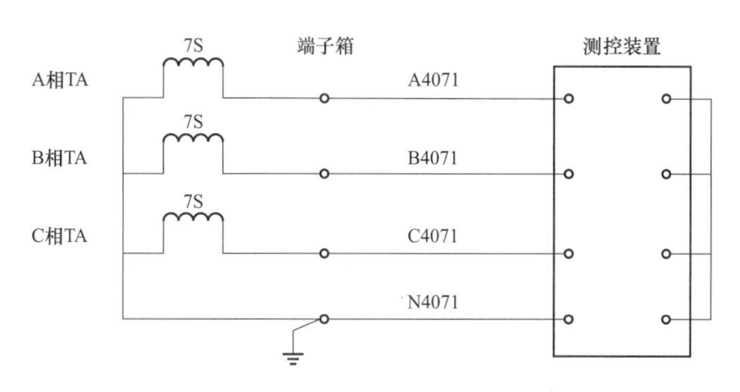

图 4-80 测控系统二次电流回路示意图

【管控要点】

(1) 屏内作业前对非工作区域的二次电流回路及其端子排做好绝缘封闭隔离措施，根据工作需要预留开放工作对象及相关端子排区域（见图 4-81），防止误碰、误断运行二次电流回路。

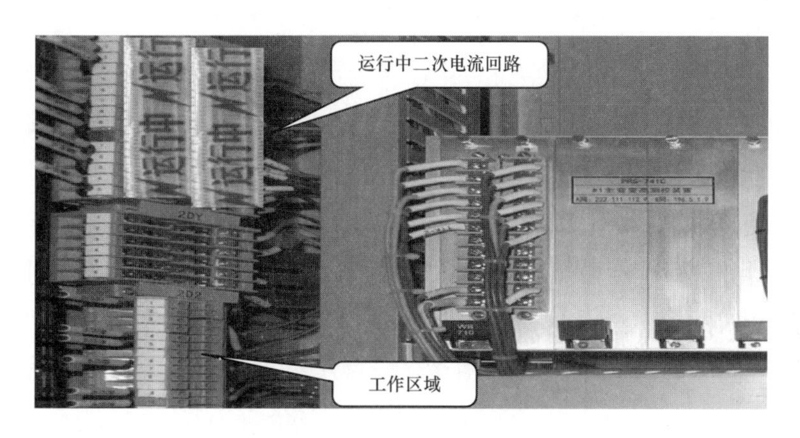

图 4-81 屏内运行二次电流回路隔离

(2) 在运行二次电流回路上作业，需要对运行设备二次电流回路进行临时断开时，严格按照二次安全技术措施单进行详细记录并恢复。断开前使用专用短接片或短接线对 TA 回路进行正确短接，并使用专用钳形电流表对回路进行验电，确保短接正确可靠后再断开连接片（见图 4-62）。

2. 屏柜中接有运行二次电压回路，屏内作业存在 TV 短路或接地风险

在常规方式下，屏内各套装置所采集的二次电压由对应的二次电压公共设备（TV 接口屏、TV 端子箱等）通过二次电缆接入到屏内专用电压端子排区域后，采用并联接线方式在屏内经各路电压空气开关分配后接入相应测控等自动化装置。因此，即使测控等自动化装置在退出运行的状态下，相应电压空气开关已断开，屏内仍然存在着运行中的二次电压回路，屏内作业必须对这些运行电压回路实施安全可靠的隔离。

【管控要点】

（1）作业前对非工作区域的二次电压回路及其端子排做好绝缘封闭隔离措施（见图4-82），根据工作需要预留开放工作对象及相关端子排区域，防止误碰运行二次电压回路。

图4-82　运行二次电压回路隔离

（2）工作中应使用绝缘包裹良好的工器具，测量电压回路时按照测试内容正确选择万用表挡位，测量表笔金属裸露部位应采取绝缘包扎等措施（见图4-68）。

（3）实施断开TV二次电压回路或解除TV二次电压回路接线等隔离措施时，严格按照二次安全技术措施单进行详细记录并恢复，临时解除的接线应用绝缘胶布及时包扎并固定，防止造成短路或接地。

3. 屏柜中接有遥控回路，屏内作业存在误碰遥控回路造成一次设备误分合风险

【管控要点】

（1）作业前对非工作区域的遥控回路及其端子排做好绝缘封闭隔离措施，根据工作需要预留开放工作对象及相关端子排区域，防止误碰遥控回路（见图4-83）。

图4-83　遥控回路隔离

（2）工作中应使用绝缘包裹良好的工器具，测量遥控回路时按照测试内容正确选择万用表挡位，测量表笔金属裸露部位应采取绝缘包扎等措施。

4．远动装置主备机切换，因主备机数据不同步，存在主备机切换过程中出现误信号上送调度主站影响调度监控风险

【管控要点】

（1）远动装置（见图4-84）的定检、消缺等计划检修工作，需提前向相关调度机构填报调度检修票，经各级调度机构审批许可后方可开展工作。

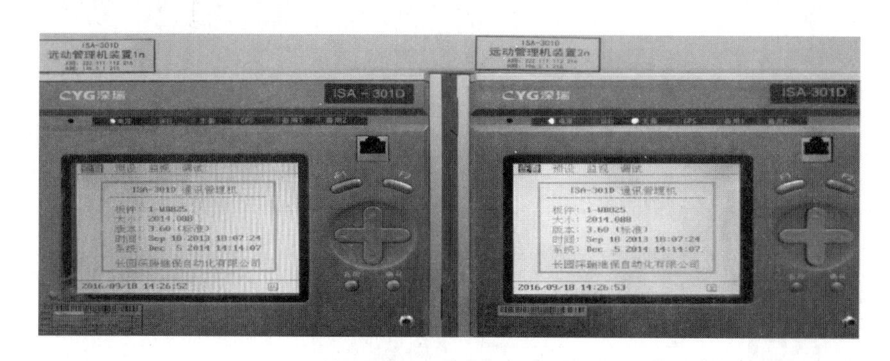

图4-84　远动装置主备机

（2）主备机切换前检查备机通道状态及与主机数据同步情况，确认与主机数据一致。

（3）主备机切换前向各级相关调度主站做好工作申请及数据封锁，切机完成后申请解除数据封锁。

5．现场非自动化装置作业造成误发或频发信号上送调度主站，存在影响调度监控风险

如图4-85所示，站内的大量信息均通过自动化系统与调度主站实时交互，因此在站内检修设备测试过程中产生的大量信息未能及时屏蔽的情况下，大量异常数据的上送会直接影响调度主站的实时监控。

【管控要点】

作业前向各级相关调度主站做好工作申请及数据封锁，作业完成后申请解除数据封锁。

6．后台监控机系统或调度主站遥控功能试验，存在误动运行设备或误伤现场作业人员的风险

图4-86所示为自动化系统遥控功能试验的流程，一次设备的遥控操作涉及若干个流程节点，任一环节的错误将直接导致误动运行设备或误伤现场人员。

【管控要点】

（1）作业前，必须将除电容器开关外其他运行设备的“远方/就地”KK操作把手切换至“就地”位置或退出相关设备的遥控出口连接片（见图4-87），防止误遥控运行设备。

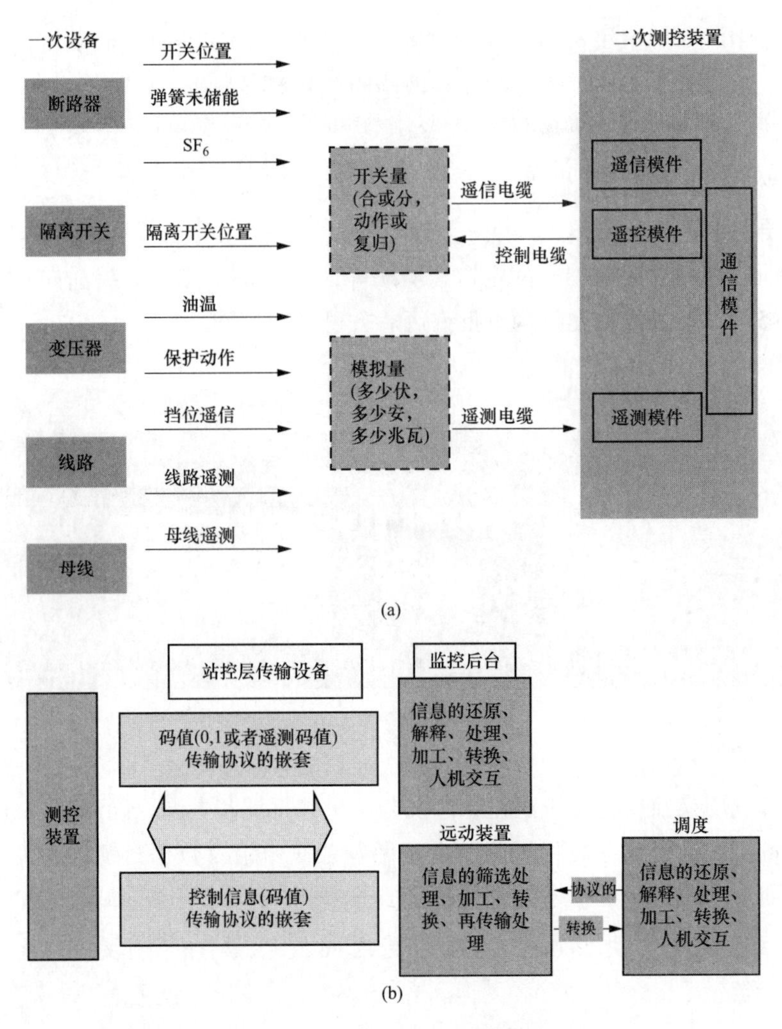

图4-85 变电站信息采集、传输与还原示意图

(a) 采集示意图；(b) 传输与还原示意图

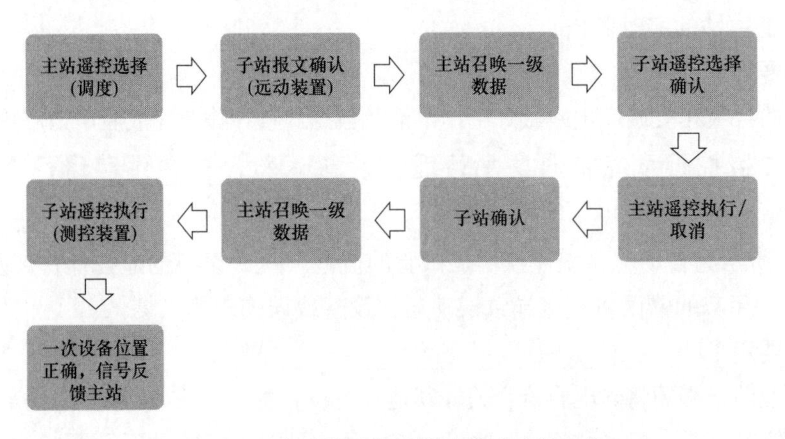

图4-86 自动化系统遥控功能试验的流程

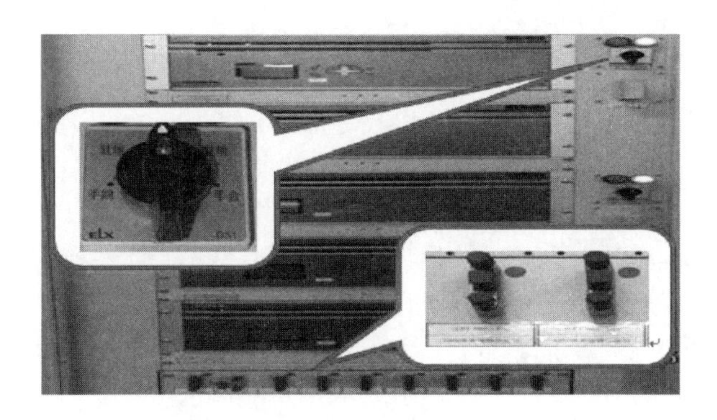

图 4-87　KK 操作把手及遥控出口连接片

（2）遥控断路器、隔离开关试验前，必须确认传动设备现场无其他工作人员方可进行。若该设备存在其他作业人员且无法撤离，应暂停遥控操作，并将相关设备的“远方/就地”KK 操作把手切换至“就地”位置或退出相关设备的遥控出口连接片，防止误遥控设备对现场作业人员造成伤害。

（3）调度主站作业前核对遥控点号与厂站现场是否一致；遥控执行前应检查遥控预执命令接收正常方可执行，防止遥控到错误的间隔；遥控过程中执行遥控复诵，防止误遥控其他设备。

7. 二次安防屏柜作业时，存在误改设备策略导致二次安防通信业务中断或二次安防设备失效的作业风险

如图 4-88 所示，变电站内所有设备的运行数据通过调度数据网与主站端进行实时数据交互，站端与主站均需要经过二次安防设备才能接入调度数据网，以确保数据信息的安全。根据图 4-89 所示，站内数据信息主要分为生产控制大区和管理信息大区，当二次安防设备发生通信业务中断等异常情况时，将直接影响变电站所有设备的运维与控制管理。

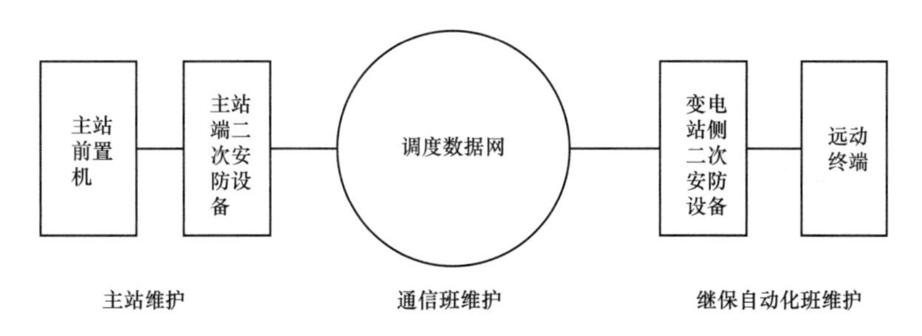

图 4-88　调度数据网通信示意图

【管控要点】

（1）工作前对设备的策略配置情况进行备份。

（2）工作班成员工作前须认真阅读已经过厂站所属调度机构审核批准的策略变更方案。

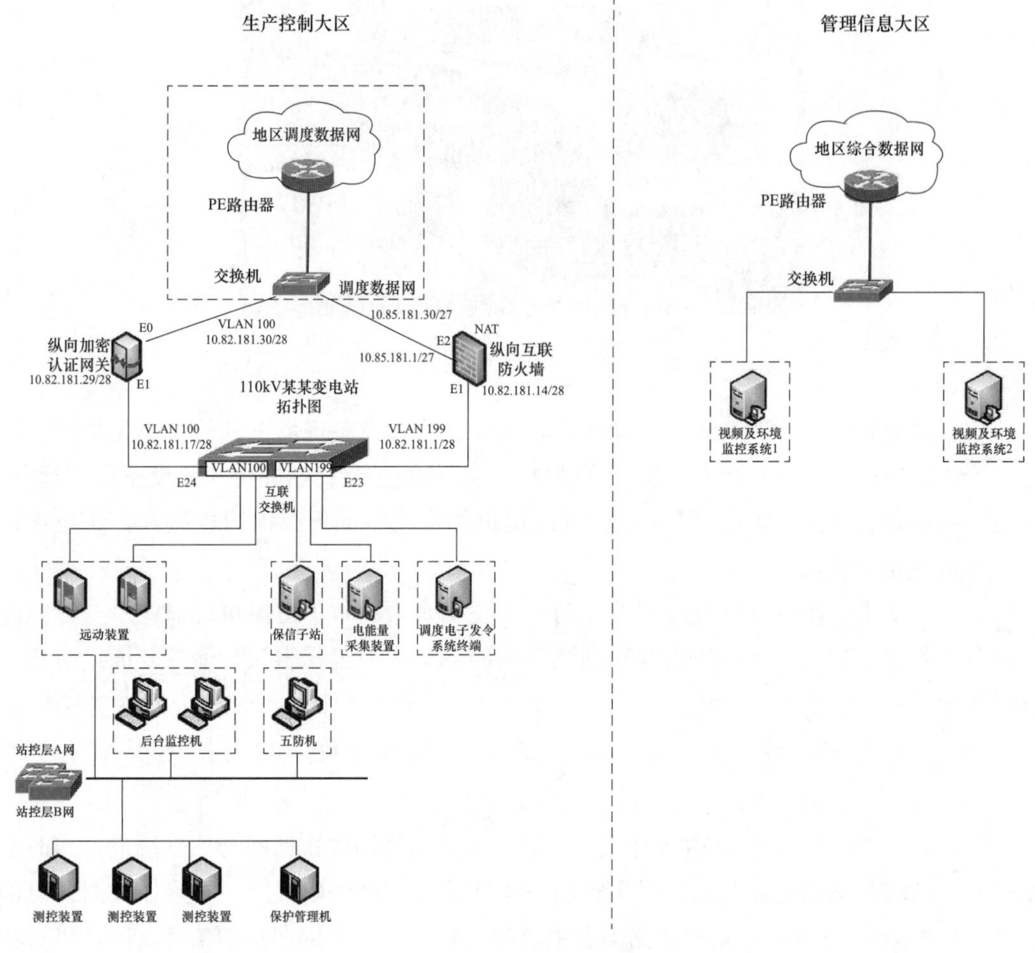

图 4-89　变电站二次安防拓扑图

（3）工作过程中严格按照策略变更方案的步骤进行，如有疑问，应停止工作，联系相关专业人员核实后再继续。

（4）当业务中断时需通知各级主站做好相应措施。

三、电能计量监测系统

电能计量装置为计量电能所必需的计量器具和辅助设备的总体，包括电能表、计量自动化终端、计量柜（计量表箱）、电压互感器、电流互感器、试验接线盒及其二次回路等。电能计量设备包括各种类型电能表、计量自动化终端、互感器、电能计量箱（柜）、计量封印等。在变电站内电能计量监测系统上工作，电能表集中组屏，存在误碰其他运行中的二次电流、电压回路风险，而且电能表更换等工作多为不停电工作，需要在工作前做好相关二次回路的安全措施，才能开展。

风险区域：电压监测仪屏、电能表屏、安装有电能表的开关柜内二次回路及电能表

接线盒、端子排区域。

1. 屏柜中接有运行二次电压回路，屏内作业存在TV短路风险

【管控要点】

（1）作业前对非工作区域的二次电压回路及其端子排做好绝缘封闭隔离措施，根据工作需要预留开放工作对象及相关端子排区域，防止误碰运行二次电压回路（见图4-82）。

（2）工作中应使用绝缘包裹良好的工器具，测量二次电压回路时按照测试内容正确选择万用表挡位，测量表笔金属裸露部位应采取绝缘包扎等措施。

（3）实施断开TV二次电压回路或解除TV二次电压回路接线等隔离措施时，严格按照二次安全技术措施单进行详细记录并恢复，临时解除的接线应用绝缘胶布及时包扎并固定，防止造成短路或接地。

2. 屏柜中接有运行二次电流回路，屏内作业存在运行设备TA开路风险

【管控要点】

（1）屏内作业前对非工作区域的二次电流回路及其端子排做好绝缘封闭隔离措施，根据工作需要预留开放工作对象及相关端子排区域，防止误碰、误断运行二次电流回路。

（2）在运行二次电流回路上作业，需要对运行设备二次电流回路进行临时断开时，严格按照二次安全技术措施单进行详细记录并恢复。断开前使用专用短接片或短接线对TA回路进行正确短接，并使用专用钳形电流表对回路进行验电，确保短接正确可靠后再断开连接片（见图4-62）。

3. 屏柜中二次电流回路串接其他运行装置，该二次电流回路上的作业存在误动运行设备风险

【管控要点】

（1）对屏柜内TA回路进行二次电流回路走向标识（见图4-90）。

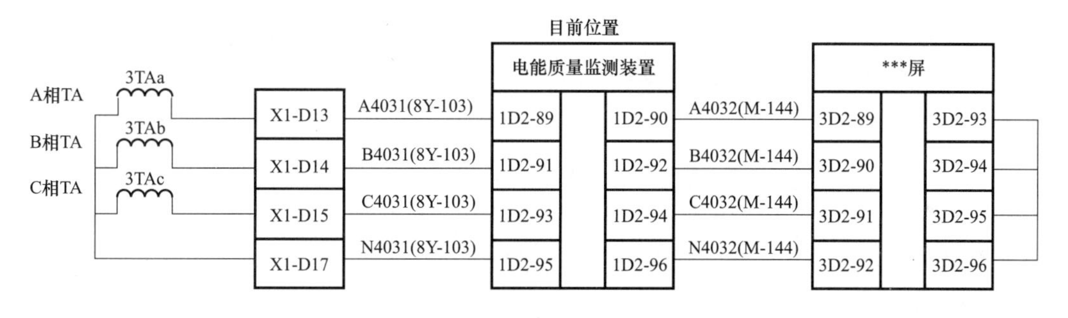

图4-90 二次电流回路走向示意图

（2）作业前切除所在屏柜上的二次电流输入、输出回路连接片，短接二次电流输出回路装置侧端子，并用绝缘胶布密封非工作侧电流端子（见图4-91）。

（3）实施断开TA二次电流回路或解除TA二次电流回路接线等隔离措施时，严格

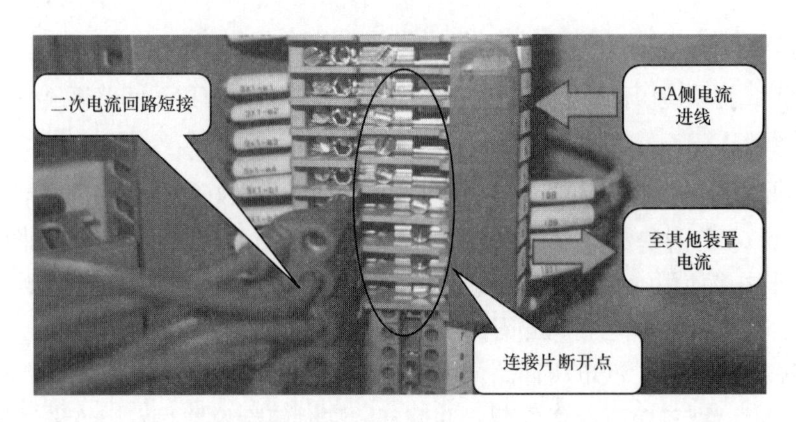

图 4-91　短接二次电流回路停电作业隔离

按照二次安全技术措施单进行详细记录并恢复，临时解除的接线应用绝缘胶布及时包扎并固定，防止造成接地。

(4) 涉及其他专业的运行设备，要执行相应的措施，并得到相关专业允许后方能开展工作。

4. 电能质量在线监测装置接入电网，导致自动化测控装置数据异常风险

【管控要点】

(1) 工作负责人按要求向调度自动化专业提交《调度自动化工作联系单》，申请测控装置数据屏蔽。

(2) 现场操作前得到自动化数据屏蔽，操作人员答复确认已经将数据屏蔽后，方能开展。

(3) 工作结束后申请解除数据屏蔽。

5. 带电更换运行电能表，屏内作业存在运行设备 TA 二次开路风险

【管控要点】

(1) 屏内作业前对非工作区域的二次电流回路及其端子排做好绝缘封闭隔离措施，根据工作需要预留开放工作对象及相关端子排区域，防止误碰、误断运行二次电流回路（见图 4-61）。

(2) 在运行二次电流回路上作业，需要对运行设备二次电流回路进行临时断开时，严格按照二次安全技术措施单进行详细记录并恢复。断开前使用专用短接片或短接线对 TA 回路进行正确短接，并使用专用钳形电流表对回路进行验电，确保短接正确可靠后再断开连接片（见图 4-92）。

6. 带电更换的电能表二次电流回路串接其他运行装置，该电流回路上的作业存在导致其他设备运行异常的风险

【管控要点】

(1) 对屏柜内 TA 回路进行二次电流回路走向标识（见图 4-93）。

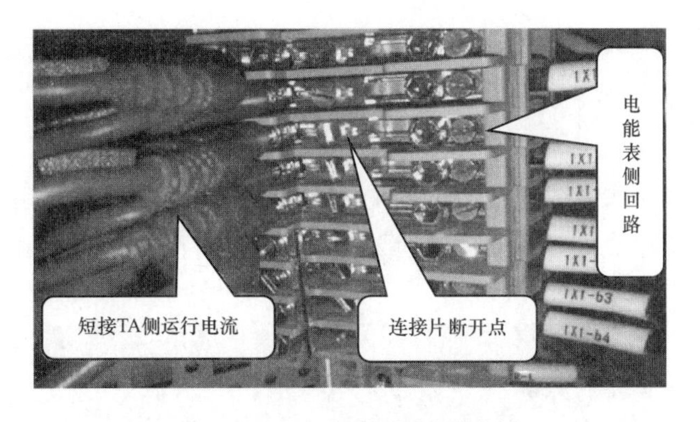

图 4-92　运行电流回路短接隔离

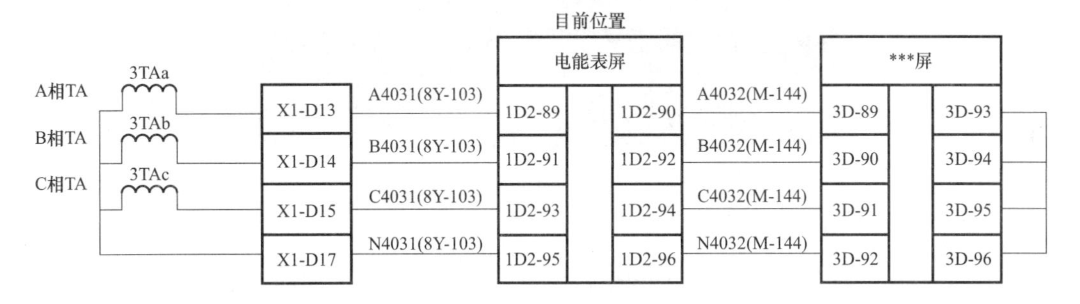

图 4-93　二次电流回路走向示意图

（2）作业前用短接线（片）短接各相电流，同时使用钳形电流表监视各相电流变化情况，保证电流跨过计量设备正常跳通至其他串接运行装置，并用绝缘胶布密封非工作侧电流端子（见图 4-94）。

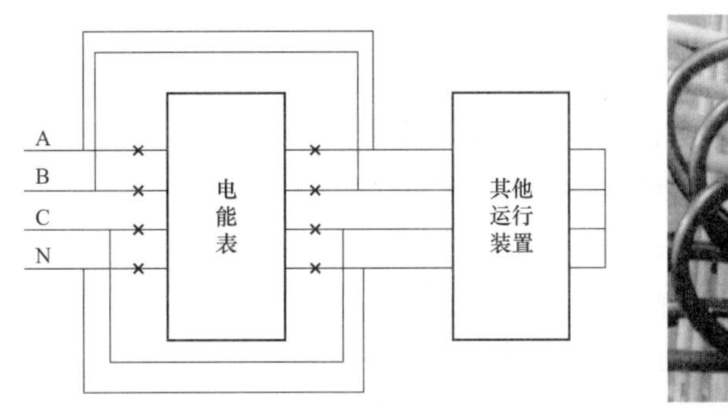

图 4-94　串接电流回路跳通

（3）实施断开 TA 二次电流回路或解除 TA 二次电流回路接线等隔离措施时，严格按照二次安全技术措施单进行详细记录并恢复，临时解除的接线应用绝缘胶布及时包扎并固定，防止造成接地。

7. 带电更换运行电能表，存在TV二次短路风险（计量与测量共用TV二次绕组时，短路时造成总空气开关跳闸，后台误报“母线失压信号”）

【管控要点】

（1）作业前对非工作区域的二次电压回路及其端子排做好绝缘封闭隔离措施，根据工作需要预留开放工作对象及相关端子排区域，防止误碰运行二次电压回路（见图4-95）。

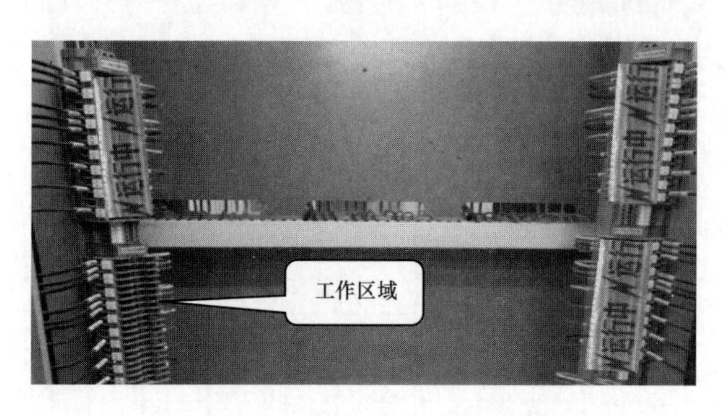

图4-95　运行二次电压回路隔离

（2）工作中应使用绝缘包裹良好的工器具，测量二次电压回路时按照测试内容正确选择万用表挡位，测量表笔金属裸露部位应采取绝缘包扎等措施（见图4-68）。

（3）实施断开TV二次电压回路或解除TV二次电压回路接线等隔离措施时，严格按照二次安全技术措施单进行详细记录并恢复，临时解除的接线应用绝缘胶布及时包扎并固定，防止造成短路或接地。

四、通信设备系统

电力系统通信为电力系统正常运行提供全面的支撑，如调度和站用内线电话、2M及光纤通信等。其主要作用是满足调度电话、行政电话、电网自动化、继电保护、安全自动装置、计算机联网、传真、图像传输等各种业务的需要，供站与站之间的设备进行通信，并将站内信号上传到局端。随着电网规模不断增大，电力系统对于信息的传输质量及通道容量等具有更高要求，电力系统中调度管理技术、保护逻辑功能、安自动作策略、数字化智能化技术等日益复杂，光纤通信逐渐成为了电力通信的基础网络。因此，光纤通道及相关的传输设备，包括主控制室或通信室的传输网设备屏、ODF配线屏、站内构架、电缆沟、架空线路及地埋光缆段等区域，特别是户外高压场地存在地埋光缆段的区域，属于通信设备系统的重点风险区域，任一环节的异常导致通道中断，都直接关系着整个电网系统的安全稳定运行。

1. 承载保护业务的光纤通道发生异常或中断，存在保护不正确动作的风险

继电保护专业中的光纤差动或光纤纵联保护作为线路保护中的快速主保护，通过专

用光纤通道或复用光纤通道实时传输保护动作所需的各类信号，实现故障的准确定位与快速切除。如图 4-96 所示，光纤差动或光纤纵联保护中的信号通过光纤通道经各环节的传输设备与线路对侧保护装置实现信息交互，通道上的任一设备故障、工作电源异常或接口虚接造成传输通道异常或中断，都会导致线路两侧主保护闭锁退出，此时线路发生故障将无法快速动作切除，容易造成电网故障扩大。

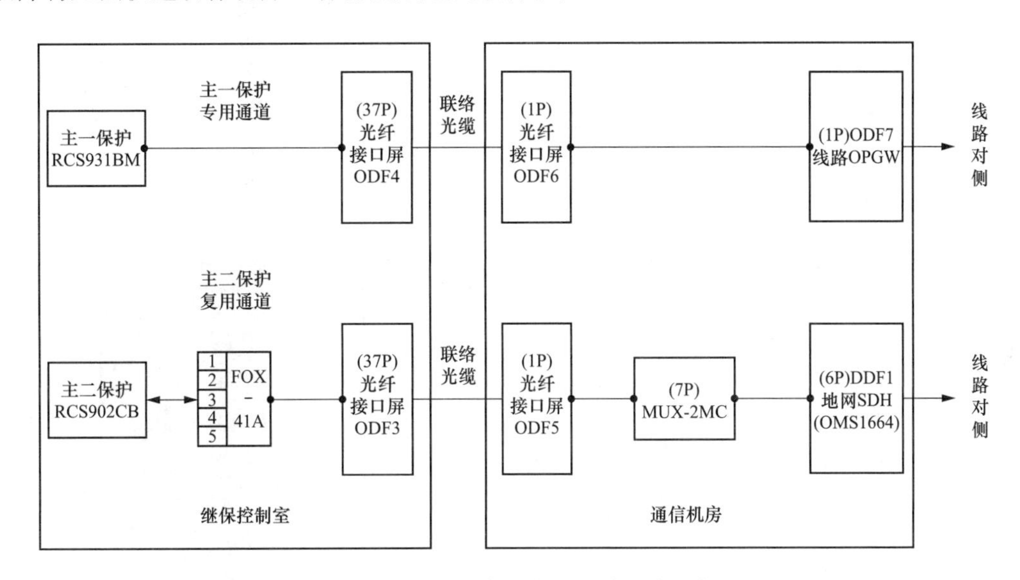

图 4-96　光纤差动保护装置通道连接示意图

【管控要点】

（1）建立与现场一致的一通道一清册或光纤通道走向图，现场接入的光纤纤芯必须张贴走向标签（见图 4-97）。

（2）在通道上作业严格按照相关业务流程做好申请，提前与相关专业部门做好沟通协调。

2. 入站光缆的地埋光缆段存在易遭外力破坏的风险，导致通道中断造成保护不正确动作

通信系统中的光缆设备经龙门架引入变电站后，其入站光缆段多采用地埋方式敷设至电缆沟内。若变电站内土建、绿化、基建扩建等作业未能识别出工作范围内的地埋光缆段区域并做好相应的光缆防护措施，则极易出现因开挖等作业导致地埋光缆被挖断等外力破坏的风险。

【管控要点】

（1）光缆从龙门架引下至站内电缆沟的地埋部分应采用镀锌钢管光缆外套管或建设电缆沟，并在地埋光缆段的路径上增加光缆标识桩（见图 4-98）。

（2）光缆架空段、引下钢管段、地埋管道等光缆段应挂有清晰的标识牌，地埋光缆段设置清晰可见的标识桩（见图 4-99）。

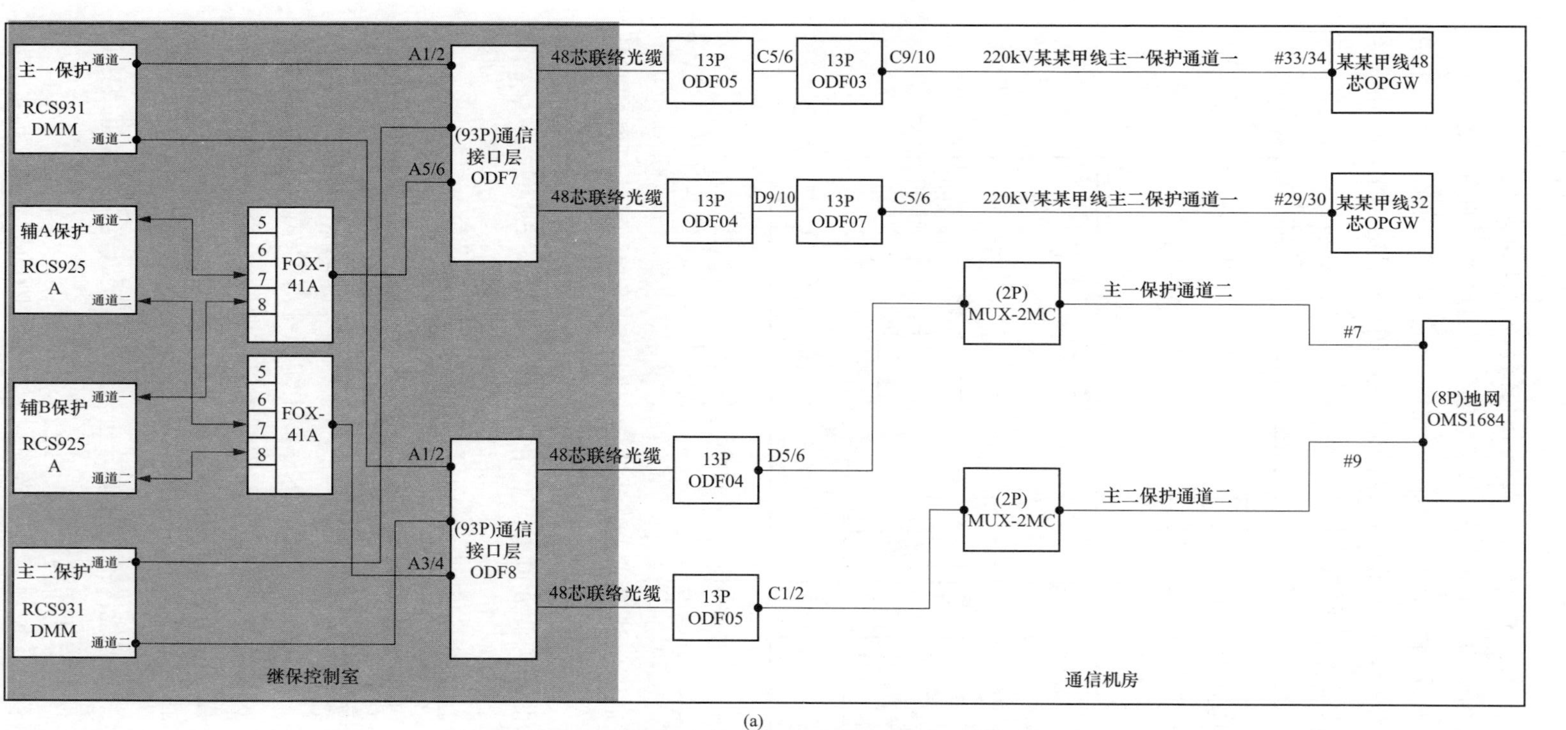

(a)

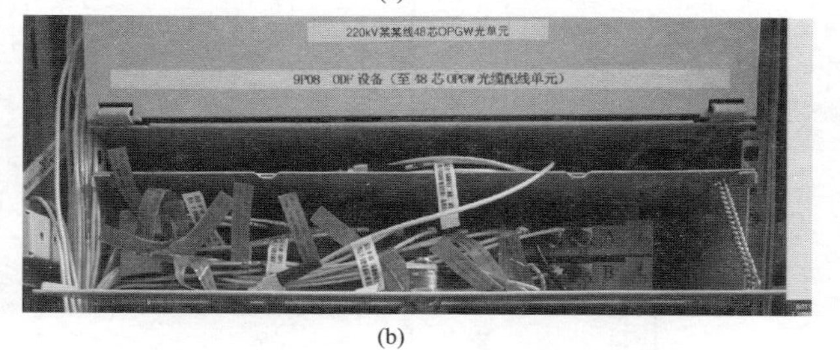

(b)

图 4-97　保护业务光纤通道走向

（a）保护通道连接图；（b）光纤走向标识

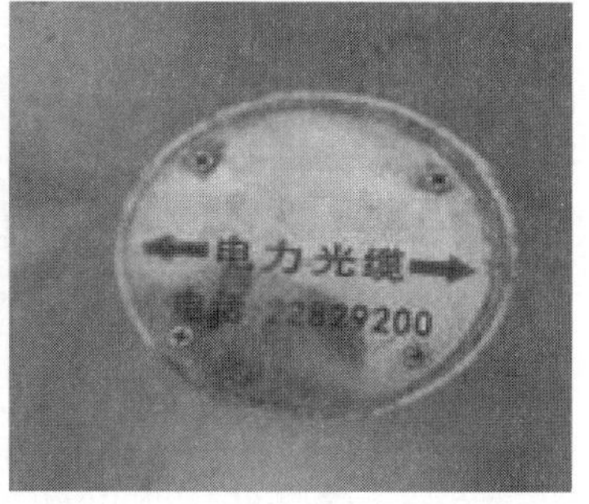

图 4-98　光缆标识桩

图 4-99　架空、地埋光缆标识桩

（3）涉及光缆施工时应组织单位对现场进行勘察，进行光缆运行风险辨识，制定保护光缆的安全措施，对施工单位落实安全技术交底工作。

（4）在户外高压场地，需要对通信光纤现场确认位置，做好标识和护栏保护措施，防止破坏通信光纤电缆。

【例 4-8】 某施工单位人员在某 220kV 变电站内进行巡检机器人辅助道路修筑工作过程中，在施工至 220kV 某某线光纤复合架空地线（OPGW）导引光缆入地点至入电缆沟处，刨穿光缆 PE 保护管，误判为水管，未按要求通知运行单位便擅自开展锯断后修复处理，导致通信光缆中断。事件主要经过：外施单位工作负责人办理完相关工作许可手续后开工，14 时 30 分左右，施工人员告知工作负责人现场刨穿一塑料水管（实为光缆 PE 保护管），有水涌出（此时只损伤保护管，未损伤光缆）。工作负责人虽然明知现场有地埋光缆标识，但他仅从进线龙门架处的光缆保护管是镀锌钢管就自以为此处的埋地光缆也应该是镀锌钢管，且当时 PE 管有水涌出，附近有两个水龙头并确认均没有水，因此判断为刨穿的是水管（见图 4-100）。在未立即停工并向运行人员汇报的情况下，决定切除穿孔的水管后进行修复，使用钢锯将 PE 管（连同里面的通信光缆一起）锯断，最终造成共计 8 条光路、13 条生产实时控制业务电路中断。

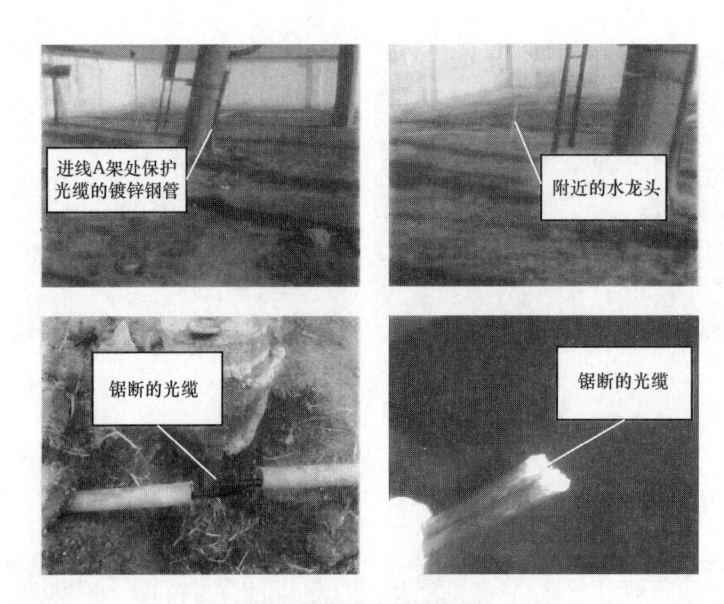

图 4-100　地埋光缆现场

3. 架空光缆迁改施工，存在误断其他运行光缆的风险

【管控要点】

（1）涉及光缆施工的组织单位需对现场进行勘察，对迁改光缆进行现场核实，进行光缆运行风险辨识，制定保护光缆的安全措施，并对施工单位落实安全技术交底工作。

（2）涉及光缆的施工方案须经电力调度控制中心通信专业会签，并制定光缆中断的抢修应急处理方案。工作前后需向通信调度申请办理开工和终结手续。

（3）光缆架空段熔接头、余缆架应挂有清晰的标识牌（见图 4-101）。

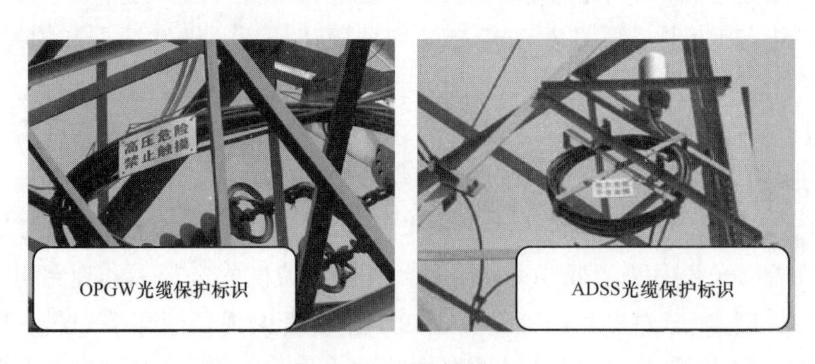

图 4-101　光缆保护标识

4. 在传输设备、DDF 配线屏进行通道测试，误碰、误动其他运行通道端口，导致生产实时控制业务通信通道中断的风险

【管控要点】

（1）工作前认真核对运行资料，检查工作现场情况与运行图纸资料应图实一致，禁止未经核对擅自拔插设备板卡、端子等操作。

（2）工作负责人对班组人员进行安全技术交底，工作负责人始终在工作现场对班组人员进行有效监护。

（3）严格按照相关要求填写通信检修单，明确检修工作影响的业务范围，工作前后需向通信调度申请办理开工和终结手续。

5. 在传输设备、DDF 配线屏进行通道测试，测试完毕后没有核查用户设备已恢复正常运行状态就结束工作，导致通道没有正常投入运行的风险

【管控要点】

（1）工作完成后需与通信调度进行业务通道状态确认，经确认现场与网管状态无误后才能办理终结手续。

（2）工作负责人必须监督好工作班成员恢复现场。

6. 在 ODF 配线屏进行通道测试或跳纤工作，误碰、误动其他运行纤芯，导致生产实时控制业务通信通道中断的风险

【管控要点】

（1）工作前需对运行资料进行核对，检查工作现场情况与运行图纸资料是否一致。

（2）工作负责人对班组人员进行安全技术交底，工作负责人始终在工作现场对班组人员进行有效监护。

7. 在 ODF 配线屏进行纤芯性能测试工作，测试完毕后没有及时恢复运行纤芯状态，导致运行业务通信通道中断的风险

【管控要点】

（1）工作前后需与通信调度进行业务通道状态确认，经确认现场与网管状态无误后才能办理终结手续。

（2）工作负责人必须监督好工作班成员恢复现场。

8. 通信电源改接线，误拆除其他运行设备电源，导致通信设备非计划停运的风险

【管控要点】

（1）工作前需对运行资料进行核对，检查工作现场情况与运行图纸资料是否一致。

（2）工作负责人对班组人员进行安全技术交底，工作负责人始终在工作现场对班组人员进行有效监护。

（3）根据现场实际情况办理通信操作票及二次措施单。

【例 4-9】 2016 年 5 月 13 日，某 500kV 变电站内发生一起现场施工作业人员误拆线导致部分通信设备电源中断的事件。事件经过：某施工单位计划开展更换某 500kV 变电站通信电源整流设备工作，工作负责人完成相关工作许可手续后开始工作。09：25，作业人员周某某在未重新验电的情况下，直接用套筒扳手松开 29P 屏直流配电设备直流输入分路 2 负极端子螺钉（计划松开输入分路 1 负极端子螺钉），发现分路 2 端子放电打火

后，立即重新紧固端子螺钉。在操作过程中造成29P屏直流配电设备短暂停电，导致20P省网A网传输设备、32P省网B网传输设备、35P省网调度数据网接入路由器、41P调度交换机设备及13P、14P和19P部分保护接口MUX设备停电中断重启。09：31，各受影响设备陆续恢复正常，中断的业务也陆续恢复正常。

该事件共造成23条生产实时控制业务通信通道中断，中断时长5分26秒，涉及4条500kV线路、6条220kV线路，其中500kV某某甲、乙线主一、主二保护及辅助保护通信通道全部中断（见图4-102）。

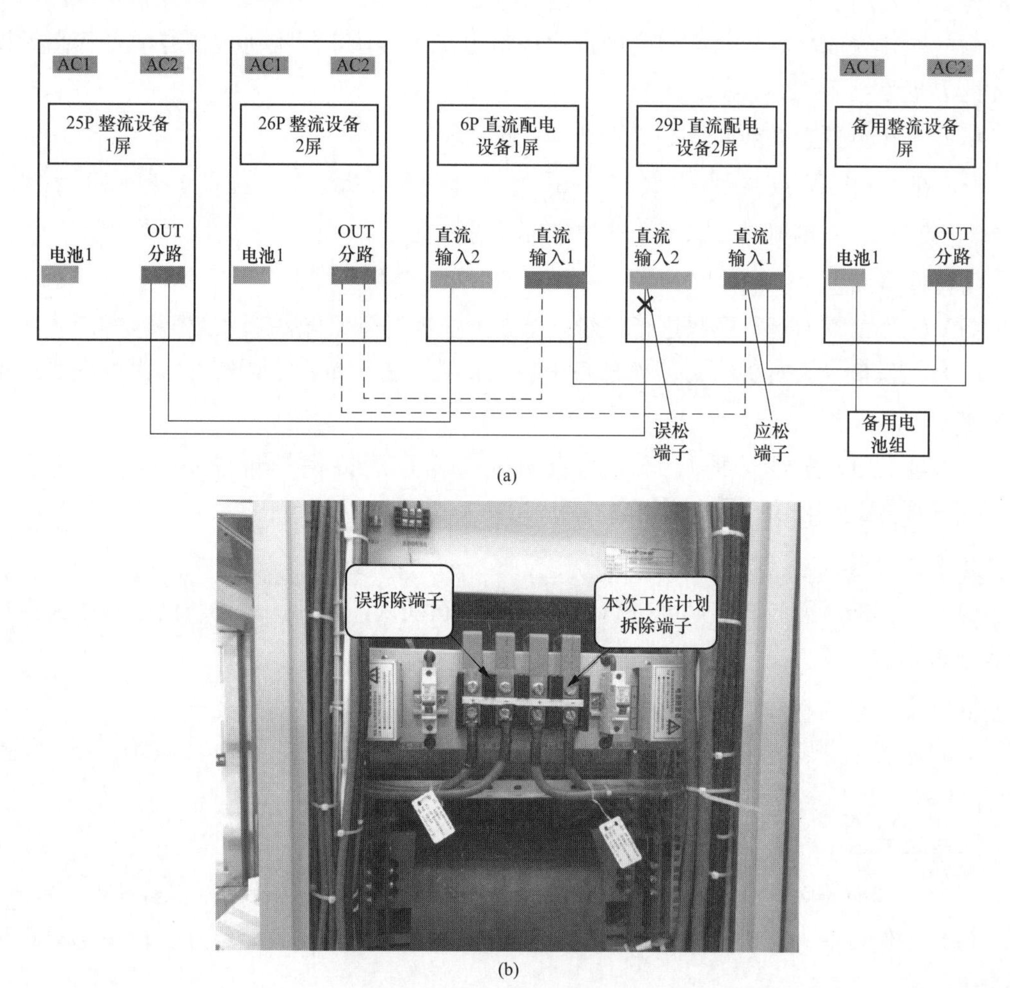

图4-102　通信电源接线走向图

（a）通信电源工作接线图；（b）29P直流配电设备2屏接线端子图

9. 直流配电设备检测，误碰运行设备电源，导致通信设备非计划停运的风险

【管控要点】

（1）工作前需对运行资料进行核对，检查工作现场情况与运行图纸资料是否一致。

（2）工作负责人对班组人员进行安全技术交底，工作负责人始终在工作现场对班组

人员进行有效监护。

（3）根据现场实际情况办理通信操作票及二次措施单。

10. 在调度数据网设备屏、综合数据网设备屏进行通道测试，误删除配置数据，导致运行业务通信通道中断的风险

【管控要点】

（1）工作前进行现场运行资料核对，并做好数据备份。

（2）工作负责人对班组人员进行安全技术交底，工作负责人始终在工作现场对班组人员进行有效监护。

（3）工作完成后需与通信调度进行业务通道状态确认，经确认现场与网管状态无误后才能办理终结手续。

11. 在调度数据网设备屏、综合数据网设备屏进行布线工作，误碰运行调度数据网交换机或其配线，导致运行业务通信通道中断的风险

【管控要点】

（1）工作前需对运行资料进行核对，检查工作现场情况与运行图纸资料是否一致。

（2）工作负责人对班组人员进行安全技术交底，工作负责人始终在工作现场对班组人员进行有效监护。

五、交流系统

（一）UPS 系统

如图 4-103 所示，变电站配置两套 UPS 系统，UPS 正常工作时，由交流输入供电，

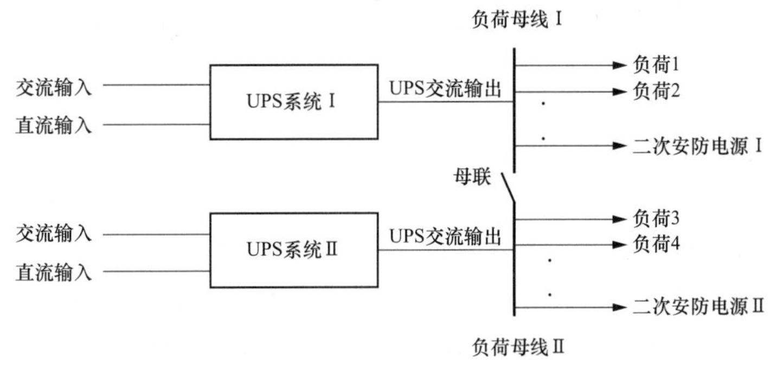

图 4-103　UPS 原理示意图

经过“整流—逆变—静态开关输出”的过程，向变电站内设备提供交流不间断电源，两套UPS系统的负荷母线可通过母联开关连接。当失去交流输入时，直流输入代替交流输入向UPS供电。UPS的重要负荷包括变电站二次安防电源I、二次安防电源II；交流输入则与直流系统的充电机输入关联，间接影响直流系统的正常运行，而其直流输入则直接关联站内直流系统。

风险区域：UPS监控器、UPS逆变器、交流输入、直流输入、二次安防电源、空气开关、端子排。

1. UPS系统缺陷处理影响二次安防电源正常供电

UPS系统共提供两路负荷供二次安防设备用电，二次安防设备选择其中一路作为主供电源、另一路作为备用电源。如两路负荷电压异常或出现断电，则可能导致二次安防设备不能正常运行。

【管控要点】

（1）用万用表校验UPS装置的交、直流输入电压是否正常，防止交、直流短路。

（2）更换插件前应将UPS装置退出运行，必须投入检修开关，避免造成交流负荷失电。

（3）如必须临时退出一套UPS时，应确保该UPS退出后，再测量对应的输出端及母线无电压后，才可合上母联开关，防止出现电压反冲现象。同时对已退出的UPS装置悬挂“禁止合闸”等警示牌，防止误合，必要时可采用临时解线、断开熔断器等形成明显断开点的隔离方法，确保防止电压反冲（见图4-104）。

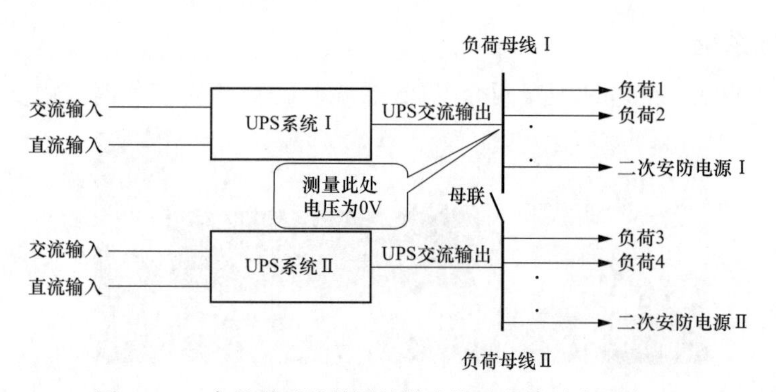

图4-104　合母联开关前测量输出端及母线处电压为0V

（4）更换插件后用万用表测量UPS装置的交直流输入是否正常，检查告警灯是否消失，防止调试过程中造成交流负荷失电。

（5）工作前后应认真核对UPS逆变器、UPS监控器参数（见图4-105、图4-106），防止在UPS装置故障处理工作过程中造成参数误整定。

（6）拆动接线前应当先核对无误；接线解除后应用绝缘胶布包好，并在二次设备及回路工作安全技术措施单中做好记录，防止拆接线时造成直流接地、直流短路。

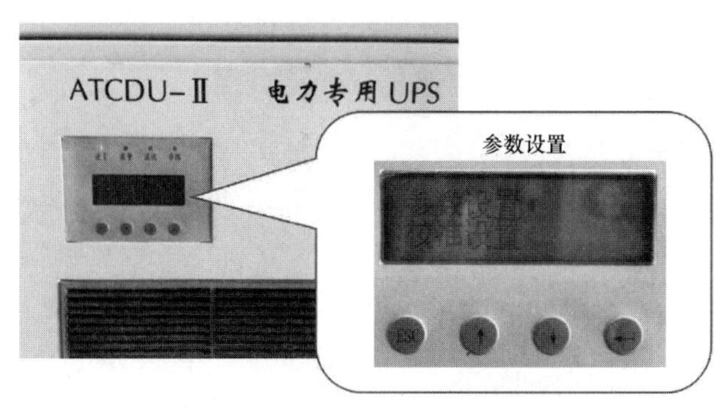

图 4-105　UPS 逆变器参数设置

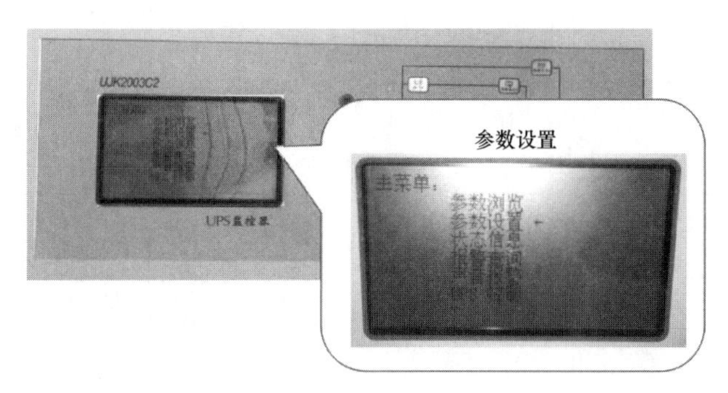

图 4-106　UPS 监控器参数设置

（7）检查空气开关、馈线空气开关、输入交流熔断器按运行要求投入，馈线空气开关符合级差配置要求。

（8）更换 UPS 逆变器、UPS 监控器的故障插件，更换时应使用专用工具，应注意插件的安装方法及相关跳线。

（9）如需要短时退出两套 UPS 系统，造成二次安防设备断电，则工作前执行 OMS 系统调度联系单程序（填写界面见图 4-107），在退出 UPS 系统前，与各级调度主站做好沟通，然后退出 UPS 系统。

图 4-107　OMS 系统调度联系单填写界面

2. UPS 屏元器件、二次回路缺陷处理，存在交、直流短路、接地风险

【管控要点】

（1）在 UPS 屏端子排，用“运行中”胶布隔离非工作运行区域，防止端子接地、短路。

（2）用“运行中”胶布封闭非工作区域的空气开关。

（3）作业中使用绝缘包裹良好的工器具。

（二）交流配电设备

如图4-108所示，变电站配置两台站用变压器，站用变压器把高压侧10kV电压转换为380V电压，通过380V交流投切回路（包含交流控制器、各级交流断路器及相关二次回路、元器件），提供380V负荷。涉及的重要负荷包括直流充电机组交流输入、UPS交流输入、主变压器冷却通风系统电源、隔离开关电动机电源等。

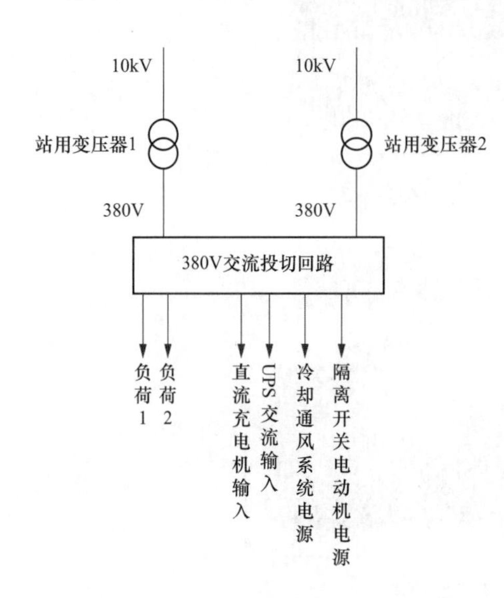

图4-108　交流配电系统简图

风险区域：交流控制器、380V断路器定值面板、交流空气开关、端子排。

1. 更换交流控制器，参数整定错误

交流控制器控制交流负荷的投切模式，如参数整定错误，必然影响重要交流负荷的运行。

【管控要点】

（1）工作前，记录交流控制的参数（见图4-109）。

（2）工作后，核对交流控制器参数正确。

（3）拆动接线前应当先核对无误；接线解除后应用绝缘胶布包好，并在二次设备及回路工作安全技术措施单中做好记录，防止拆接线时造成直流接地、直流短路。

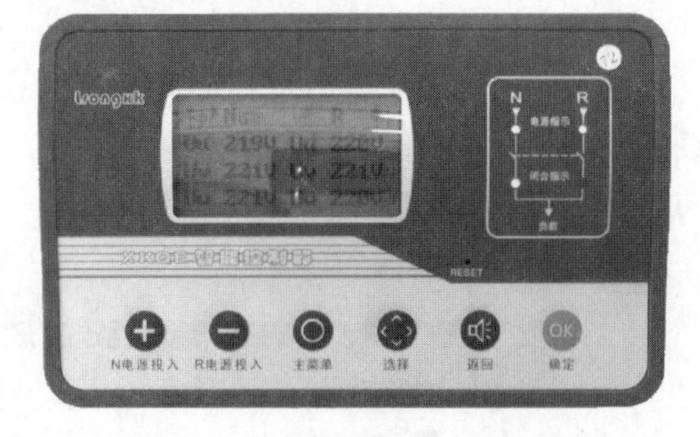

图4-109　交流控制器参数设置

2. 进行380V进线断路器检修工作时，定值整定错误

每台站用变压器的380V侧都配置一台进线断路器，当此断路器跳闸定值可整定时，应按调度定值单的要求进行设定。如发生定值设定错误的情况，则可能让交流系统失去保护，危及交流重要负荷的运行。

【管控要点】

（1）工作前，记录断路器定值面板的定值设置（见图4-110）。

（2）工作前，使用“运行中”胶布封闭定值面板。

（3）工作后，核对断路器定值整定与工作前一致，如对定值有疑问，可咨询继保自动化班组。

3. 进行交流配电设备二次回路缺陷工作时，发生短路、接地等风险，影响交流负荷运行

【管控要点】

(1) 工作前，使用“运行中”胶布隔离非工作端子。

(2) 用“运行中”胶布封闭非工作区域的空气开关。

(3) 要关注交流配电设备屏柜中的金属导电部分，严格封闭此类位置，如图 4-111 框内是已完好封闭的交流配电设备屏金属导电部位，有效防止发生人身、设备事故。

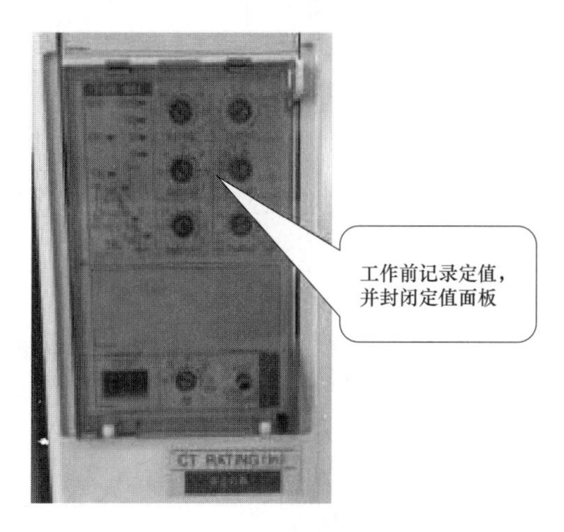

图 4-110　380V 断路器定值面板

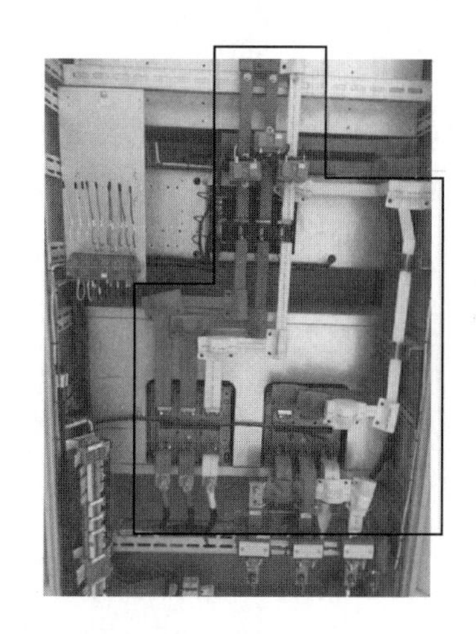

图 4-111　封闭的交流配电设备屏金属导电部位

(4) 作业中使用绝缘包裹良好的工器具。

六、直流系统

如图 4-112 所示，变电站配置两套直流系统，即 1 号直流系统、2 号直流系统（两个

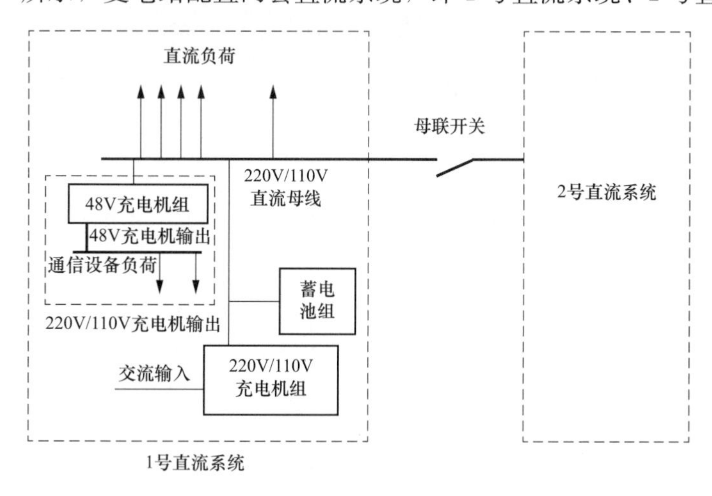

图 4-112　直流系统简图

系统结构相同），两个系统的直流母线可通过母联开关连接。220V/110V 充电机组接收 380V 交流输入，输出 220V/110V 直流电（充电模式由直流监控机控制）。蓄电池组通过熔断器与充电机组、220V/110V 直流母线相连。220V/110V 直流母线向站内继保自动化设备提供直流电，同时提供 48V 充电机组的输入，48V 充电机组负责提供站内通信设备用电。

风险区域：充电机充电模块、直流监控机、绝缘监测装置、充电模块、开关、直流电压。

1. 直流系统 48V 充电模块（供通信设备用电）退出时存在全站通信中断的风险

【管控要点】

（1）蓄电池核容试验要退出运行时，先检查 48V 电源接在蓄电池熔断器的哪一侧，如果接在进熔断器前，则蓄电池退出时，不可以拉开熔断器，否则会造成 48V 模块失电。

（2）直流系统定检，退出充电模块前，先检查 48V 模块是否双重化，如果是双重化，则可退出 48V 模块；如果不是双重化，则必须保留 48V 模块，而且要用绝缘胶布密封该模块空气开关，做好警示，防止误退出（见图 4-113）。

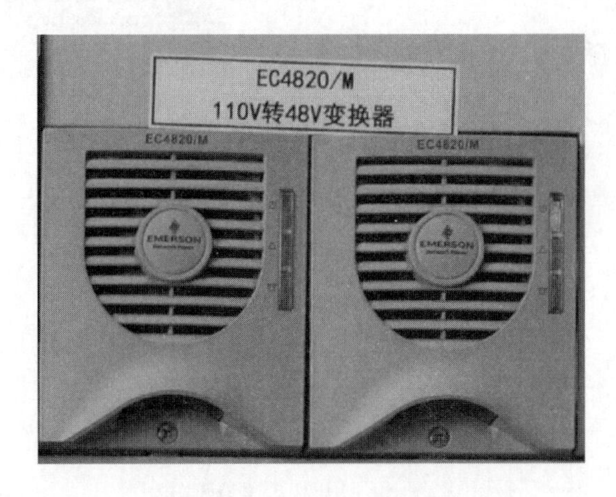

图 4-113　48V 直流充电模块

（3）如果缺陷处理或其他工作导致单套 48V 模块必须要更换，需预先通知通信部门，填报工作联系单，做好申请才能开展现场工作。

2. 直流系统 220V、110V 充电模块（供继保自动化设备用电）退出，导致直流负荷不足

【管控要点】

（1）为确保充足的直流功率，每段直流系统不得少于 3 台充电模块同时运作（见图 4-114）。

（2）如果缺陷处理或其他工作导致其中一段充电模块必须要更换，则必须连同同段蓄电池一并退出，退出前正确执行Ⅰ、Ⅱ段直流并列（见图 4-115）。

图 4-114　直流充电模块

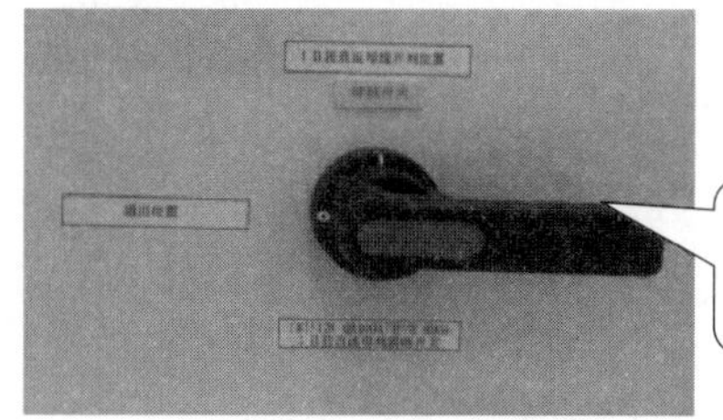

图 4-115　直流并列操作把手

3. 直流系统充电模块更换后运行异常，影响直流供电

【管控要点】

（1）记录更换前充电模块的整流方式，对比其他正在运行充电模块的运行方式（见图 4-116）。

（2）只有在充电模块地址码设定正确的前提下，充电模块才能参与充电。因此，在更换充电模块前，应记录充电模块通信地址码，更换充电模块后正确设置地址码（见图 4-117）。

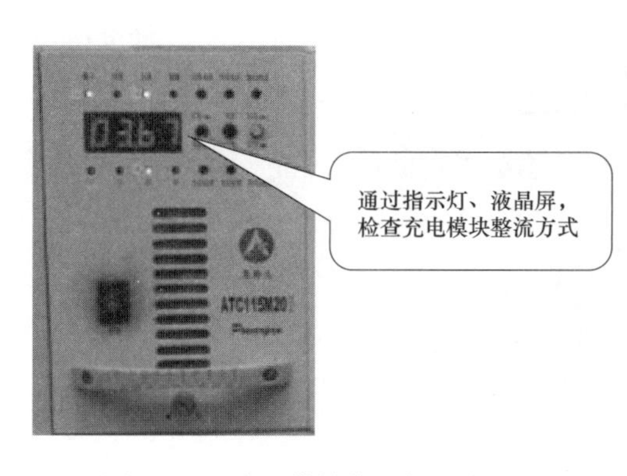

图 4-116　充电模块指示灯、液晶屏

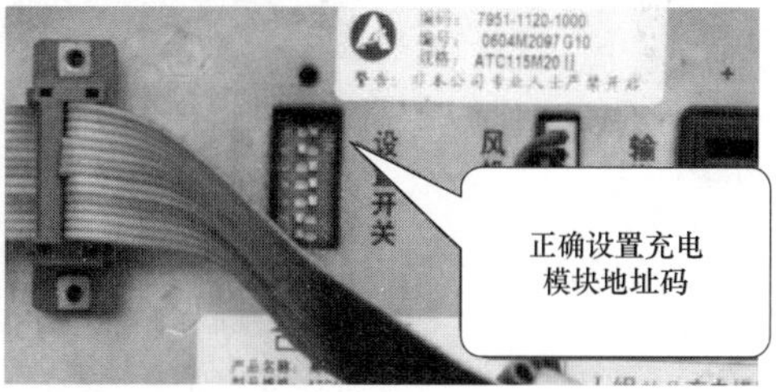

图 4-117　充电模块通信地址码设置

4. 两段直流母线并列时，压差过大引发直流电压波动，甚至发生短路

【管控要点】

并列前，用万用表直流电压挡测量两段直流母线压差小于 5V，如图 4-118 所示。

5. 直流屏表计更换后，地址码设置错误

直流监控器通过直流屏表计采集交流量。如表计地址码设置错误，则无法与直流监控器通信，导致直流监控器无法正常监控直流系统。

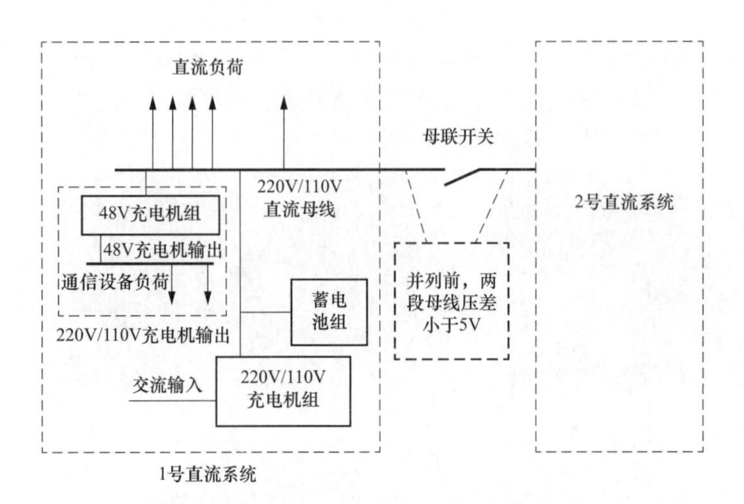

图 4-118　测量两段母线压差须小于 5V

【管控要点】

更换表计前，记录表计地址码，更换后正确设置地址码（见图 4-119）。

图 4-119　正确设置直流表计地址码

6. 更换降压硅设备后，降压硅不能正常运行

如图 4-120 所示，220V/110V 充电机组输出合母电压，供部分直流负荷使用；同时，通过降压硅，输出控母电压，供另外的直流负荷使用。因此，降压硅的正常运行，对直流负荷至关重要。

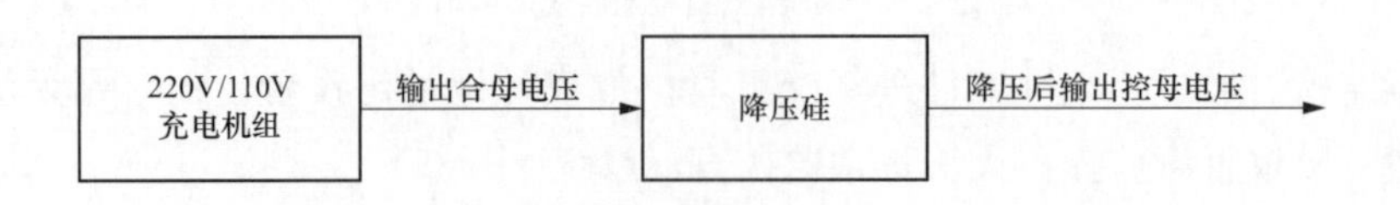

图 4-120　降压硅回路简图

【管控要点】

工作后，尝试调节硅链控制器各个挡位，确保在各挡位下，电压与挡位对应，并确认在“自动挡”时，直流控制母线电压为额定值（见图 4-121）。

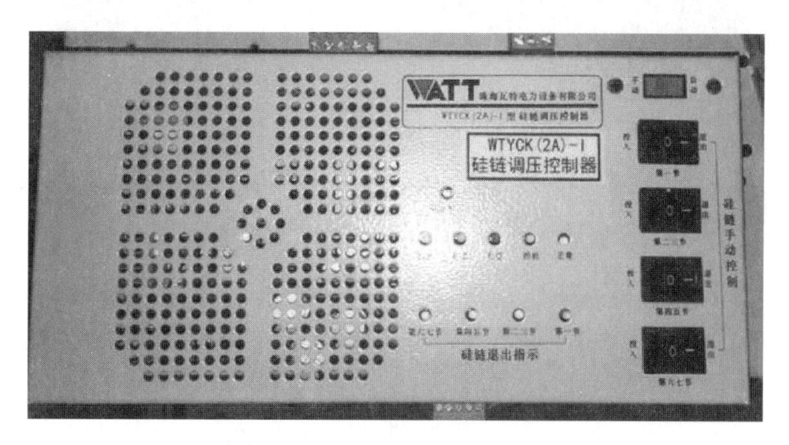

图 4-121　硅链控制器

7. 退出后再次投入充电机组或蓄电池组时，对应熔断器接触不良

如熔断器没有接触完好，则导致充电机组、蓄电池不能正常接入直流系统，导致直流负荷输出不足。

【管控要点】

退出后再次投入充电机组或蓄电池组时，使用万用表直流电压挡，测量对应熔断器的上下两端电位，压差为 0V（见图 4-122）。

图 4-122　充电机组、蓄电池组熔断器

8. 更换直流监控器，参数整定错误

直流监控器控制充电机组的运行，并监视直流系统的运行状态，因此必须重视参数的正确设置。

【管控要点】

(1) 工作前，记录直流监控器的参数（见图 4-123）。

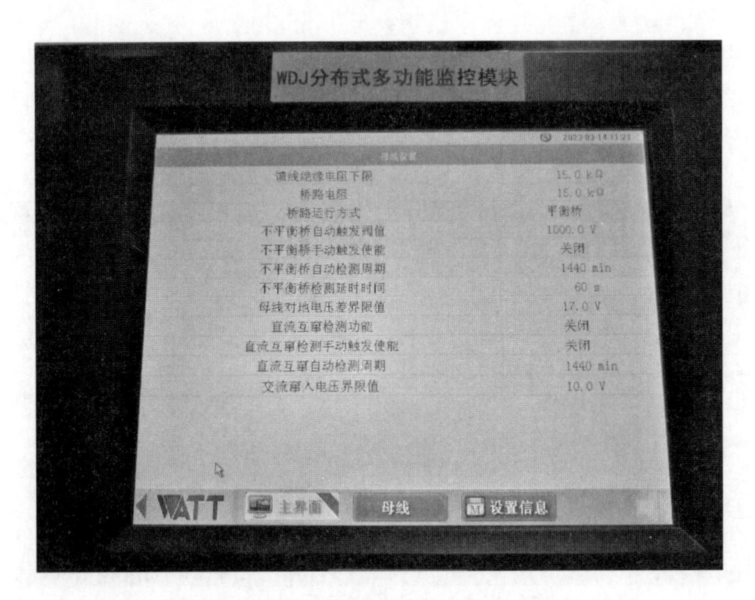

图 4-123　直流监控器参数调节

（2）工作后，核对直流监控器参数正确。

（3）拆动接线前应当先核对无误；接线解除后应用绝缘胶布包好，并在二次设备及回路工作安全技术措施单中做好记录，防止拆接线时造成直流接地、直流短路。

9. 进行直流屏二次回路缺陷工作时，发生非工作端子排接地或短路，导致直流接地、短路

【管控要点】

（1）工作前，使用“运行中”胶布封闭非工作端子。

（2）用“运行中”胶布封闭非工作区域的空气开关。

（3）作业中使用绝缘包裹良好的工器具。